元素週期表

複雜宇宙的簡潔圖表

A Very Short Introduction

The Periodic Table

ERIC R. SCERRI

艾瑞克・希瑞 著

胡訢諄 譯

目錄

序

許多人曾撰文讚嘆元素週期表。這裡列舉幾個例子：

元素週期表是大自然的羅塞塔石碑（Rosetta stone）。對門外漢而言，那只是一百多個有號碼的格子，每格寫著一兩個字母，以一種奇怪的對稱排列。但是，對化學家而言，元素週期表透露物質的組織原則，也就是化學的組織原則。在根本的層次上，化學的一切都包含在元素週期表中。

當然，這並不是說化學的一切都明顯來自元素週期表。絕非如此。但是元素週期表的結構反應元素的電子結構，因此反應其化學性質與表現。或許更恰當的說法是，化學的一切始於元素週期表。

——魯迪·鮑姆（Rudy Baum），《化工新訊：元素特刊》（*C&EN Special Issue on Elements*）

天文學家哈洛‧沙普利（Harlow Shapley）寫道：

> 元素週期表可能是人類迄今構思過，用於彙整知識最簡潔有力的表。元素週期表之於物質的功用，就像地質年代表之於宇宙時間的功用。元素週期表的歷史就是人類在微觀宇宙中征服的故事。

化學歷史學家羅伯特‧希克斯（Robert Hicks）在網路播客（Podcast）上說：

> 所有科學之中，辨識度最高的圖表大概就是元素週期表。這張表已經變成我們的模範，說明原子和分子自行排列，創造我們所知的物質；在最細微的層次上，世界如何組織。縱觀歷史，元素週期表持續變化，添入新發現的元素，而被駁斥的，不是修正，就是移除。因此，元素週期表就像化學史的倉庫，為當今發展提供模版，亦是展望化學科學的基石……世界最基本的建構圖。

這裡最後一個例子，是以論述「兩種文化」（two cultures）而著名的物理化學家 C‧P‧斯諾（C. P. Snow）：

（學習元素週期表時）我頭一次看到，各式各樣、散亂無章的事實被收拾得有條有序。小時候無機化學鍋裡的大雜燴，竟然就在我的眼前自行對號入座——彷彿一座叢林搖身一變成了荷蘭花園。

從上述的引言可知，元素週期表的非凡之處在於既簡潔又通曉，在科學界被視為真正的根本。元素週期表彷彿羅列所有物質的基本構成要件。而且多數人都知道元素週期表，幾乎所有人，即使僅僅略微接觸過化學，學過的化學知識可能全都忘了，也會記得有那麼一張表。元素週期表幾乎就和水的化學式一樣為人所熟知，而且已經成為藝術家、廣告商，當然還有各類科學家的文化符號。

元素週期表不僅僅是教授與學習化學的工具，它也反映了世界上事物的自然順序，而且就我們所知，甚至是在整個宇宙中的自然順序。元素在週期表上分族，排成直行，如果某個化學家或學生，認識任何一族之中的典型元素，例如鈉，他就會清楚同族元素的性質，例如鉀、銣、銫。

更根本的是，從元素週期表固有的順序，可見原子結構

更深層的知識，以及電子基本上在特定殼層與軌域包圍原子核。電子的排列位置回過頭來解釋元素週期表——廣義來說，為何鈉、鉀、銣等元素一開始會分在同一族。但更重要的是，理解元素週期表時，首先必須理解原子的結構知識，而這樣的知識已經運用到許多科學領域，先是於舊的量子理論有所貢獻，接著裨益量子理論更成熟的親戚——量子力學。量子力學這個知識體系持續作為物理學的基礎理論，不僅能夠解釋所有物質的表現，也能解釋各種形式的放射線，例如可見光、X 射線、紫外線。

與十九世紀多數的科學發現不同，元素週期表直至二十、二十一世紀，都未被後來的發現推翻。反而是後來的發現，尤其現代物理學，令元素週期表更趨完善，而且排除一些剩餘的異常。但其整體形式與有效程度，用於驗證這個知識系統的力道與深度，始終完好無缺。

檢視元素週期表前，我們先考慮住在裡面的成員——元素。接著我們快速看看現代的元素週期表和某些元素週期表的變體，然後從第三章開始探討其歷史，說明當今的理解如何演變而來。

再版序

　　恭逢門得列夫發表成熟的元素週期表一百五十週年，加上聯合國教育、科學及文化組織宣布二〇一九年為元素週期表國際年（International Year of the Periodic Table，IYPT），負責《牛津通識課》的人員請我寫一篇再版序。

　　我當然樂意藉由這個機會修正第一版中讀者指出的錯誤，並且更新資訊，因為元素週期表與相關議題的研究已有諸多發展。

　　例如，現代元素週期表重要的 4s-3d 軌域佔據問題，現在有了令人滿意的解釋，能夠完全說明這些原子軌域填入與游離的相對順序。此外，遞建原理（Aufbau principle）與其異常之間的關連也已經重新建構概念，本次再版也會簡短說明。

　　合成元素的領域也有新的發展。例如，本書第一版出版

後，元素 113、115、117、118 被正式確認且命名為鉨、鏌、鿬、鿫，這一進展亦代表自從元素週期表發表以來，第七週期首次完整。儘管如此，下一個週期的元素合成工作，從元素 119 與 120 開始，已經進行得如火如荼。在那之後，至少形式上，g 區元素會從元素 121 開始。

關於什麼元素應該佔據週期表第 3 族的問題，已經有些新的發展，此外，關於氦的位置問題，亦有新的實驗。

讀者對本書若有任何問題與建議，敬請不吝指教。

艾瑞克・希瑞

二〇一九年於洛杉磯

第一章

元素

　　古希臘哲學家只承認四個元素——土、水、風、火，這四個元素在十二星座的占星細分之中保留下來。這些哲學家中，有些相信這幾個不同的元素是由不同形狀的微小元件組成，因此能夠解釋元素的各種性質。他們認為四個元素的基本形狀是柏拉圖的幾何結構（圖1），完全由相同的二維形狀組成，例如三角形、正方形。希臘人相信地球由微小的立體粒子構成。他們之所以這麼聯想，是因為所有柏拉圖的幾何結構中，立方體擁有最大的表面面積。水具有流動性，是因為二十面體的形狀比較光滑，而火燒會痛，是因為火的粒子是銳利的四面體。風由八面體構成，因為柏拉圖的幾何結構只剩那個。後來，數學家發現第五個柏拉圖的幾何結構——十二面體，以致亞里斯多德提出可能還有第五個元素，或稱「精質」（quintessence），即後來所謂的以太。

　　今日，元素由柏拉圖的幾何結構構成的這種說法並不正確。但是，物質肉眼可見的性質，取決於組成物質的微小元件之結構，這樣的想法便是源自古希臘，並且成果豐碩。這些古代的「元素」一直流傳到中世紀以後，並增添了一些煉金術士發現的，他們可說是現代化學家的先驅。那些煉金術

士最著名的目標就是實現元素蛻變（transmutation）。他們尤其想要將卑金屬鉛，變成貴金屬黃金。黃金因其顏色、稀有性和穩定的化學性質，使其成為人類文明史上數一數二的貴重物質。

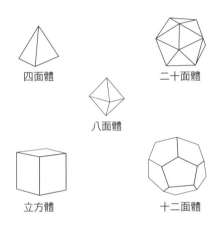

圖 1　柏拉圖的幾何結構，每個對應一個古代元素。（資料來源：Benfey, O. T., Precursors and cocursors of the Mendeleev table: the Pythagorean spirit in element classification. *Bulletin for the History of Chemistry*, 13–14, 60–6. Copyright © 2018 by Division of History of Chemistry of the American Chemical Society.）

　　但是，希臘哲學家除了將元素當成可能實際存在的物質外，他們還認為元素是一種原則，也就是能引發元素可觀察性質的傾向和潛能。元素的抽象形式與可觀察形式這兩者之

間的細微分別，在化學發展上扮演重要角色，雖然近來這層較不易察覺的意義，連專業的化學家也不是非常瞭解。儘管如此，「抽象的元素」這樣的想法對某些週期系統的先驅，例如元素週期表的主要發現者德米特里·門得列夫（Dmitri Mendeleev）而言，仍是根本的指引原則。

多數的教科書會說，揮別古希臘的智慧與煉金術、揮別對於元素本質那些神祕的想法，化學才真正起步。人們普遍認為，現代科學的勝利奠基於直接實驗之上，也就是說，只有可以觀察到的才算數。因此，這種較不易察覺，而且可能更根本的元素概念，毫不意外地經常遭到否決。例如，法國化學家安東萬·拉瓦錫（Antoine Lavoisier）便認為，元素應該透過經驗觀察來定義，這降低了抽象元素或元素作為原則的作用。拉瓦錫主張，元素應該被視為尚未分解為更基礎元件的實體物質。根據這個經驗標準，拉瓦錫於一七八九年發表一個清單，羅列了三十三個簡單物質，或元素（如圖2）。古代的四個元素——土、水、風、火，當時已被證明由數個更簡單的物質組成，自然也就不在清單之中。

從現代的標準來看，拉瓦錫清單上的許多物質，都有資

	Noms nouveaux.	Noms anciens correspondans.
Subftances simples qui appartiennent aux trois règnes, & qu'on peut regarder comme les élémens des corps.	Lumière	Lumière.
	Calorique	Chaleur.
		Principe de la chaleur.
		Fluide igné.
		Feu.
		Matière du feu & de la chaleur.
	Oxygène	Air déphlogiftiqué.
		Air empiréal.
		Air vital.
		Bafe de l'air vital.
	Azote	Gaz phlogiftiqué.
		Mofète.
		Bafe de la mofète.
	Hydrogène	Gaz inflammable.
		Bafe du gaz inflammable.
Subftances simples non métalliques onidables & acidifiables.	Soufre	Soufre.
	Phofphore	Phofphore.
	Carbone	Charbon pur.
	Radical muriatique .	Inconnu.
	Radical fluorique . . .	Inconnu.
	Radical boracique . .	Inconnu.
Subftances simples métalliques oxidables & acidifiables.	Antimoine	Antimoine.
	Argent	Argent.
	Arfenic	Arfenic.
	Bifmuth	Bifmuth.
	Cobalt	Cobalt.
	Cuivre	Cuivre.
	Etain	Etain.
	Fer	Fer.
	Manganèfe	Manganèfe.
	Mercure	Mercure.
	Molybdène	Molybdène.
	Nickel	Nickel.
	Or	Or.
	Platine	Platine.
	Plomb	Plomb.
	Tungftène	Tungftène.
	Zinc	Zinc.
Subftances simples falifiables terreufes.	Chaux	Terre calcaire , chaux.
	Magnéfie	Magnéfie , bafe du fel d'epfom.
	Baryte	Barote , terre pefante.
	Alumine	Argile, terre de l'alun, bafe de l'alun.
	Silice	Terre filiceufe, terre vitrifiable.

圖 2 拉瓦錫的清單，元素作為簡單物質。

15

格作為元素，其他像是 *lumière*（光）與 *calorique*（熱）已不再被當成元素。之後幾年，化學物質的分離技術和特性分析快速發展，有助化學家拓展這張清單。光譜學能夠測量各種輻射放射和吸收的光譜，這項重要的技術最終會產出非常準確的工具，能夠透過元素的「指紋」辨別每個元素。今日，我們已發現大約九十個自然存在的元素。此外，有大約二十五個人工合成的元素。

元素的發現

某些元素，像是鐵、銅、金、銀，自從文明伊始便為人熟知，代表這些元素能以分離的形式出現，或容易從礦物之中分離。

歷史學家和考古學家稱人類歷史上的某些時代為「鐵器時代」、「青銅時代」（青銅是銅和錫的合金）。煉金術士又在清單中加了幾個元素，包括硫、汞、磷。到了相對現代的時候，人類發現了電，於是化學家能夠分離許多較活潑的元素，這些元素不像銅和鐵，不能光靠木炭加熱礦石獲得。

化學史上有幾次重大發展，幾年間就發現好幾個元素。例如英國化學家漢弗里・戴維（Humphry Davy）利用電，更精確地說，利用電解技術，分離大約十個元素，包括鈣、鋇、鎂、鈉、氯。

發現放射線與核分裂後，又找到更多元素。自然存在的元素中，最後七個被分離出來的是鏷、鉿、錸、鍅、鈁、砈、鈁，約在一九一七至一九四五年間。最後幾個需要填補的空缺，其中一個對應的是元素43，後來稱為鎝（technetium），源自希臘文 techne，意思是「人造」。鎝是在放射化學反應中被「製造」出來的元素，這在核子物理學出現之前是不可能做到的。不過，現在我們知道鎝確實自然存在於地球上，雖然量極少。

元素的命名

元素週期表的吸引力，一部分來自元素個別的性質，例如顏色、觸感。元素的名字也相當引人入勝。化學家普利摩・李維（Primo Levi）是集中營的生還者，他寫了一本享

譽各界的書，就叫《元素週期表》（*The Periodic Table*），每章都用一個元素命名。這本書寫的是他的親戚與友人的故事，但是每段軼事都來自李維對特定元素的喜愛而起。神經學家奧利佛・薩克斯（Oliver Sacks）寫了一本書叫《鎢絲舅舅》（*Uncle Tungsten*），訴說他是如何沉迷元素、化學，尤其元素週期表。更近期關於元素的書，有兩本大受歡迎，作者是山姆・肯恩（Sam Kean）和休・奧爾德西・威廉姆斯（Hugh Aldersey-Williams）。因此，要說元素對大眾具有相當的吸引力，其實並不為過。

發現元素以來的幾個世紀間，命名的方式五花八門。元素61鉕（promethium），名稱來自普羅米修斯（Prometheus），這個神被宙斯懲罰，就因他從天堂偷火給人類。元素61與這個神話的關連在於研究者在分離這個元素時花了很大的心力，就像普羅米修斯在希臘神話中那般英勇。鉕是少數幾個並不自然存在地球的元素，須從另一個元素「鈾」分裂的衰變產物提取。

某些元素的名字來自行星或其他天體。氦（Helium）的名字來自 *helios*，是希臘文的太陽。一八六八年首次在

太陽的光譜上觀察到氦；直到一八九五年才在陸地樣本中找到。同樣地，鈀（Palladium）的名字來自小行星帕拉斯（Pallas），而這個行星的名字則來希臘的智慧女神帕拉斯。鈰（cerium）的名字來自一八〇一年發現的第一顆小行星穀神星（Ceres）。鈾（Uranium）以天王星（Uranus）命名，這顆行星和這個元素都在一七八〇年代被發現。許多這類例子可見到神話的蹤影，例如烏拉諾斯（Uranus）是希臘神話中的天空之神。

許多元素因為顏色得名。黃綠色的氣體氯（chlorine）是希臘字 *khloros*，指的就是黃綠這個顏色。銫（Caesium）的名字由來是拉丁文 *cesium*，意思是灰藍，因為其光譜有顯著的灰藍線條。銠（rhodium）的鹽類常是粉紅色，所以這個名字來自 *rhodon*，即希臘文的「玫瑰」。金屬鉈（thallium）的名字和拉丁文 *thallus* 有關，意思是綠枝，發現的人是英國化學家威廉・克魯克斯（William Crookes）。鉈的光譜也有顯著的綠色線條。

很多元素的名字是地名，無論是發現人的出生地，或他們希望紀念的地方，像是鎇、鉳、鈧、鑪、銪、鉝、

鍺、鑪、釙、鎵、鉿（hafnium，來自 *Hafnia*，哥本哈根的拉丁文名）、鎦（lutetium，來自 *Lutetia*，「巴黎」的拉丁文）、鏌、鉨（nihonium，Nihon，即日本）、錸（rhenium，出自萊茵河地區）、釕（ruthenium，來自 *Rus*，羅斯地區的拉丁文，包括今日的西俄羅斯、烏克蘭、白俄羅斯與部分斯洛伐克和波蘭）、以及砷。[1]也有其他元素的名字源自地理位置，和這些元素被發現的礦石有關。這個類別包括四個以瑞典村莊伊特比（Ytterby）命名的元素，靠近斯德哥爾摩。鉺（Erbium）、鋱（terbium）、鐿（ytterbium）、釔（yttrium）——發現這些元素的礦石都在這個村莊周圍，還有第五個元素鈥（holmium），則是以斯德哥爾摩的拉丁文命名。

---

1. 編注：鎇（americium）出自美國、（berkelium）出自柏克萊（Berleley）、鉲（californium）出自美國加州、鐽（darmstadtium）出自位於德國達姆施塔特（Darmstadt）的重離子研究中心、銪（europium）出自歐洲、鍅（francium）出自法國、鍺（germanium）出自德國、鏢（hassium）出自黑森邦（Hessen）、釙（polonium）出自波蘭、鎵（gallium）出自高盧、鏌（moscovium）出自莫斯科、础（tennessine）出自美國田納西州。

在較近期合成的元素中，名字多來自發現者，或發現者想紀念的人。例如鈹（bohrium）、鋦（curium）、鑀（einsteinium）、鐨（fermium）、鈇（flerovium）、鐒（lawrencium）、䥑（meitnerium）、鍆（mendelevium）、鍩（nobelium）、鿫（oganesson）、錀（roentgenium）、鑪（rutherfordium）、𨭎（seaborgium）等等。[2]

後來的超鈾元素命名，涉及一些民族主義的爭議，而且有時候還為了誰先合成所以擁有命名權的問題，吵得不可開交。為了解決這樣的糾紛，國際純化學和應用化學聯合會（International Union of Pure and Applied Chemistry, IUPAC）頒布，為求公正與全面，元素以該元素的原子序的拉丁數字

---

2. 譯注：紀念的人物依序為：丹麥物理學家尼爾斯・波耳（Niels Bohr）、居禮夫人（Marie Curie）、愛因斯坦（Albert Einstein）、義裔美國原子核物理學家恩里科・費米（Enrico Fermi）、蘇聯原子物理學家格奧爾基・佛雷洛夫（Georgy Flyorov）、美國物理學家歐內斯特・勞倫斯（Ernest Lawrence）、瑞典原子物理學家莉澤・邁特納（Lise Meitner）、門得列夫（Dmitri Mendeleev）、瑞典科學家阿佛烈・諾貝爾（Alfred Nobel）、俄羅斯核物理學家尤里・奧加涅相（Yuri Oganessian）、德國物理學家威廉・倫琴（Wilhelm Röntgen）、紐西蘭物理學家歐尼斯特・拉塞福（Ernest Rutherford）、美國化學家格倫・西奧多・西博格（Glenn Teodor Sjöberg）。

命名。例如元素 105，就是 un-nil-pentium（Unp）；元素 106
是 un-nil-hexium（Unh）。但是最近，對於幾個較晚的超重
元素，IUPAC 還是將命名權還給被判定為優先發現或合成
的人。元素 105 與元素 106 現在被稱為𨧀（dubnium）與𨭎
（seaborgium）。

　　元素週期表上用來描繪每個元素的符號也有著豐富有
趣的由來。在煉金術的時代，元素的符號通常與那些用來
命名，或聯想的星球相符（圖 3）。例如汞（mercury）

金屬	金	銀	鐵	汞	錫	銅	鉛
符號	○	☽	♂	☿	♃	♀	♄
天體	太陽	月亮	火星	水星	木星	金星	土星
拉丁文	Solis	Lunae	Martis	Mercurii	Jovis	Veneris	Saturni
法文	dimanche	lundi	mardi	mercredi	jeudi	vendredi	samedi
英文	Sunday	Monday	Tuesday	Wednesday	Thursday	Friday	Saturday

（日 is before 拉丁文）

圖 3　古代元素的名字與符號。（經同意後複製，資料來源：Ringnes,
V., Origin of the names of chemical elements. *Journal of Chemical Education*,
1989, 66 (9), 731. Copyright © 1989, American Chemical Society. DOI:
10.1021/ ed066p731.）

和太陽系最靠內的水星符號相同。銅（copper）和金星（Venus）相關，因此兩者共用同一個符號。

英國科學家約翰‧道耳頓（John Dalton）一八〇五年發表原子理論時，保留了數個煉金術的元素符號。但是，這些符號有點麻煩，不容易在文章與書籍中複寫。一八一三年，瑞典化學家永斯‧雅各布‧貝吉里斯（Jöns Jacob Berzelius）引進現代使用的文字符號。

現代元素週期表中，有少數幾個元素是由單一字母代表，包括氫、碳、氧、氮、硫、氟，分別為 H、C、O、N、S、F。多數元素由兩個字母表示，第一個大寫，第二個小寫。例如，Kr、Mg、Ne、Ba、Sc，代表氪、鎂、氖、鋇、鈧。有些雙字母的符號一點都不直觀，像是 Cu、Na、Fe、Pb、Hg、Ag、Au，來自元素的拉丁文名稱，代表銅、鈉、鐵、鉛、汞、銀、金。另外，鎢（tungsten）用 W 表示，即這個元素的德文名稱 wolfram。

第二章

現代的元素週期表

現代的元素週期表

元素在元素週期表上直行與橫列的位置，透露它們之間許多關係。這些關係有些廣為人知，有些仍待探索。一九八〇年代，科學家在比之前觀察到的溫度高更多的情況下發現超導現象，即電流流動的阻力為零。超導溫度從典型的 20K 或更少，快速躍升到諸如 100K 的值。

這些高溫超導體，是在鑭、銅、氧、鋇四個元素結合形成一種複雜化合物的時候被發現。於是，整個世界興起一陣熱潮，忙著提高那個溫度以求維持效果。最終目標是達到室溫的超導性，如此一來，技術也能有所突破，例如讓懸浮列車沿著超導鐵路來去自如。在這項任務中使用的主要原則之一，就是元素週期表。有了這張表，研究人員檢查化合物中某些元素的超導行為時，可以拿已知有類似表現的元素，取代化合物中某些元素。釔就是如此被加入一組新的超導化合物，在化合物 $YBa_2Cu_3O_7$ 中產出 93K 的超導溫度。這類知識肯定還有很多，都潛伏在週期系統之中，等待被人發現並善加利用。

近期更發現一類新的高溫超導體，稱為氮磷族氧化物（oxypnictides），材料包括氧、氮族元素（15族），以及其他元素。分別在二〇〇六年與二〇〇八年發現的LaOFeP與LaOFeAs的超導性質公布後，這類化合物隨即引起越來越多關注。同樣地，在後一種化合物中使用砷（As）的想法，來自砷在元素週期表中的位置，它就緊接在磷（P）的下方。

藥學界對於同族元素之間相似的化學性質也很感興趣。例如，鈹位於元素週期表第2族的頂端，而且在鎂之上。由於這兩個元素之間的相似性，鈹可以取代人體必須的鎂。然而，儘管鈹與鎂的性質相似，兩者畢竟不同，因為鈹對人體有毒。同樣地，在元素週期表上，鎘在鋅的正下方，因此在許多重要的酶中，鎘可以取代鋅。在元素週期表上同一橫列緊鄰的元素也可能相似。例如鉑在金旁邊。有種鉑的無機化合物叫做順鉑，我們很早以前就知道，順鉑可以用來治療各種形式的癌症。因此，許多藥物在研發時以金的原子代替鉑，而且這個方法已經成功產出一些新藥。

最後再提一個元素在週期表上的位置如何影響醫學研究

的例子。銣在元素週期表上位於第 1 族，在鉀的正下方。如同之前的例子，銣的原子近似鉀的原子，因此像鉀一樣很容易被人體吸收。這個特性可用於監視技術，因為銣容易被癌細胞吸引，尤其是在腦部的癌細胞。

傳統的元素週期表由直行與橫列組成。順著行與列經過元素，可以觀察某些趨勢。每一水平的列代表一個週期。沿著一個週期走，會從金屬，例如左邊的鉀與鈣，經過過渡金屬，例如鐵、鈷、鎳，接著是類金屬，例如鍺，再進入幾個位於表的右邊的非金屬元素，像是砷、硒、溴。大致說來，橫越一個週期，化學與物理性質也會逐漸變化，但是這個通則的例外也很多，因此化學研究如此迷人，也意外地複雜。

金屬可以從柔軟黯淡的固體，例如鈉或鉀，到堅硬閃亮的物質，例如鉻、鉑或鐵。另一方面，非金屬通常是固體或氣體，像是碳與氧。就外觀而言，有時很難分辨固體金屬與固體非金屬。對外行人來說，某些堅硬閃亮的非金屬，像是硼，比起柔軟的金屬，像是鈉，更像金屬。元素週期表的每個週期都重複從金屬到非金屬，所以這些橫列堆疊起來，就形成直行，或稱「族」，包含類似的元素。同一族的元素往

往共有許多重要的物理與化學性質，雖然也有許多例外。

　　一九九〇年，IUPAC 建議各族應以阿拉伯數字取代羅馬數字連續編號，從左到右，編成第 1 到第 18 族（圖 4），也不用舊週期表中的字母 A、B 等等。

H																	He
Li	Be											B	C	N	O	F	Ne
Na	Mg											Al	Si	P	S	Cl	Ar
K	Ca	Sc	Ti	V	Cr	Mn	Fe	Co	Ni	Cu	Zn	Ga	Ge	As	Se	Br	Kr
Rb	Sr	Y	Zr	Nb	Mo	Tc	Ru	Rh	Pd	Ag	Cd	In	Sn	Sb	Te	I	Xe
Cs	Ba	Lu	Hf	Ta	W	Re	Os	Ir	Pt	Au	Hg	Tl	Pb	Bi	Po	At	Rn
Fr	Ra	Lr	Rf	Db	Sg	Bh	Hs	Mt	Ds	Rg	Cn	Nh	Fl	Mc	Lv	Ts	Og

La	Ce	Pr	Nd	Pm	Sm	Eu	Gd	Tb	Dy	Ho	Er	Tm	Yb
Ac	Th	Pa	U	Np	Pu	Am	Cm	Bk	Cf	Es	Fm	Md	No

圖 4　中長元素週期表

元素週期表的形式

書面的元素週期表，加上近期網路上的，說有超過一千種也不誇張。這些彼此有什麼關係？有最理想的版本嗎？本書將探索這些問題，並在過程中說些科學趣事。

對這上千種元素週期表進行分類的方法之一，是分成三種基本格式。首先，元素週期表的先鋒，諸如紐蘭茲（Newlands）、洛塔爾‧邁耶爾（Lothar Meyer）、門得列夫，他們最早發表的元素週期表是短元素週期表，稍後我們會檢視（圖 5）。

基本上，這些週期表就是把當時已知的元素填進八個直行或八個族中。由此可見，如果依照自然順序排列，間隔八個元素之後，相同性質的元素會再次出現（這個主題稍後會討論）。隨著元素性質的資訊越來越多，發現的元素也越來越多，新的排列方法——「中長元素週期表」（圖 4）逐漸成為主流。今日，這個形式到處可見，但奇怪的是，這種週期表的主體並未包含所有元素。如果你看圖 4，會發現元素 56 和 71 之間中斷，然後元素 88 和 103 之間再次中斷。這

些「不見」的元素被聚集在主表下方，看起來像注腳。

　　將鑭系元素（La）和錒系元素（Ac）分開來放單純是因為便利，如果不這樣，元素週期表會太寬，橫向不只有十八個，而是三十二個元素。三十二格寬的元素週期表並不容易放進化學教科書，也不方便掛在教室與實驗室的牆上。然而，如果把元素放進一張延伸的表，而且有時候確實可見這種「長元素週期表」，這樣的表因為元素序列沒有中斷，可以說比我們熟悉的中長元素週期表更正確。

　　但是住在週期表裡的是什麼？我們回來談談表的內容，選擇熟悉的中長元素週期表，把血肉填進這個二維的骨架或框架當中。這些元素是怎麼被發現的？它們是什麼樣子？我們在表上縱向、橫向移動時，元素有什麼不同？

元素週期表中的典型元素族

　　在表的最左邊，第 1 族元素包含金屬鈉、鉀、銣。這些元素通常是柔軟且反應性高的物質，不太像我們一般認為的金屬，例如鐵、鉻、金、銀。第 1 族的金屬非常活潑，哪怕

只是一點點，放進水中就會引發強大反應，產生氫氣並留下無色的鹼性溶液。第 2 族元素有鎂、鈣、鋇，在各方面往往沒第 1 族那麼活潑。

繼續向右走，會看到中間長方形區塊的元素，這些元素統稱為過渡金屬，包括鉻、鎳、銅、鐵等。在較早期的元素週期表，也就是短元素週期表中（圖 5），這些元素被放在現在稱為主族元素的元素組中。

這些元素後來到了現代的元素週期表，被從主族分開，儘管這種作法是利大於弊，但也因此無法呈現幾個珍貴的化學特性。在中長元素週期表中，過渡金屬的右邊是另一區具代表性的元素，從第 13 族起，到最右邊住著惰性氣體的第 18 族。

有時候，某個族的共同性質並不顯而易見。第 14 族就是如此，裡頭有碳、矽、鍺、錫、鉛。你會發現由上而下差異甚大。位於此族之首的碳是非金屬的固體，出現在三種完全不同的結構形式（鑽石、石墨、富勒烯），而且形成所有生命系統的基礎。下一個元素是矽，屬於類金屬。有趣的

MENDELÉEFF'S TABLE I.—1871.

Series.	Group I. R_2O.	Group II. RO.	Group III. R_2O_3.	Group IV. RH_4. RO_2.	Group V. RH_3. R_2O_5.	Group VI. RH_2. RO_3.	Group VII. RH. R_2O_7.	Group VIII. RO_4.
1	H=1							
2	Li=7	Be=9.4	B=11	C=12	N=14	O=16	F=19	
3	Na=23	Mg=24	Al=27.3	Si=28	P=31	S=32	Cl=35.5	
4	K=39	Ca=40	—=44	Ti=48	V=51	Cr=52	Mn=55	Fe=56, Co=59 Ni=59, Cu=63
5	(Cu=63)	Zn=65	—=68	—=72	As=75	Se=78	Br=80	
6	Rb=85	Sr=87	? Y=88	Zr=90	Nb=94	Mo=96	—=100	Ru=194, Rh=104 Pd=106, Ag=108
7	(Ag=108)	Cd=112	In=113	Sn=118	Sb=122	Te=125	I=127	
8	Cs=133	Ba=137	? Di=138	? Ce=140	.....	.....	.....	.....
9	.....	.....	.....	.....	.....	.....	.....	.....
10	.....	.....	? Er=178	? La=180	Ta=182	W=184	.....	Os=195, Ir=197 Pt=198, Au=199
11	(Au=199)	Hg=200	Tl=204	Pb=207	Bi=208	.....	.....	.....
12	.....	.....	.....	Th=231	.....	U=240	.....	.....

圖 5　門得列夫於 1871 年發表的短式元素週期表。

是，矽形成所有人工生命的基礎，或至少人工智慧，因為它是電腦的核心。再往下是鍺，是較近期發現的類金屬。門得列夫預測了這個元素，之後也發現許多他預見的性質。往下再看看錫與鉛，這是古代就知道的兩種金屬。儘管這些元素之間差異之大，就金屬－非金屬的行為而言，第 14 族的元素在重要的化學性質上仍然相似，就是它們最高化合價全都是 4，意思就是它們都能形成四個鍵。

第 17 族的多樣性又更顯著。兩個最上面的元素氟和氯都是有毒氣體。下一個溴，則是目前已知常溫下為液態的唯二元素之一，另一個是金屬元素汞。繼續往下，會遇見紫黑色的固體元素碘。若來了個新手化學家，請他依照外觀將這些元素分族，他不太可能會把氟、氯、溴、碘放在一起。這就是元素的「可觀察」與「抽象」兩個差異細微的概念派上用場的例子。它們之間的相似之處主要在於抽象元素的性質，而非作為可被分離與觀察的物質。英國化學家帕內特（Fritz Paneth）就討論過這個問題（詳見延伸閱讀）。

一路移動到最右邊，有一族不尋常的元素。這些是惰性氣體，全都在十九世紀末、二十世紀初的時候分離出來。它

們的主要性質頗為矛盾，至少在它們剛被分離時是如此，就
是它們都缺乏化學性質。

　　這些元素包括氦、氖、氬、氪，早期的元素週期表甚至
沒有列舉，畢竟當時不知道，甚至未料到。這些元素被發現
後，反而對週期系統帶來巨大挑戰，但最終透過延伸表格成
功地容納了它們，成為新的一族──第 18 族。

　　另一區塊的元素在現代元素週期表的下方，是鑭系元素
和錒系元素，描繪時通常不會和整個表相連。這種呈現方式
常見於週期系統。就像過渡金屬一般放在表的中央形成一個
區塊，鑭系元素和錒系元素當然也可以這樣處理。確實，很
多人發表過這樣的元素週期表。儘管長元素週期表（圖 6）
提供這些元素更自然的位置，讓它們和其它元素排在一起，
但麻煩的是不方便做成掛圖。雖然元素週期表的形式眾多，
但無論其呈現形式為何，基礎皆是週期定律。

週期定律

　　週期定律是指，經過某些規律但不同的時間間隔後，化

學元素的性質大致呈現重複。例如，氟、氯、溴都是第 17
族，共同的性質是和金屬鈉形成化學式為 NaX 的白色結晶
鹽（X 是任何鹵素原子）。這種週期的性質重複就是週期系
統所有面向的根本基礎。

這麼談論週期定律，也會連帶產生某些有趣的哲學問
題。首先，元素間的週期性並非恆常，亦非精確。在常見的
中長元素週期表上，第一橫列有兩個元素，第二與第三橫列
有八個，第四、五橫列有十八個……。這意味不同的週期性
有 2、8、8、18 等，和我們所知每週天數、音階上的音符週
期性差異頗大。後面兩個例子的週期長度是不變的，一週七
天是，西方音樂音階上的音符數也是。

然而，元素之間，不僅是週期不同，週期性也不精確。
元素週期表任一直行裡的元素都不是彼此精確的循環。在這
方面，元素的週期性和音階倒是有些相似，音階回到同一字
母代表的音符時，聽起來像原來的音，但絕對不是一模一
樣，而是高了八度。

元素不同的週期長度，以及僅是相近的重複性質，致使

	He 2

H 1																	He 2
Li 3	Be 4											B 5	C 6	N 7	O 8	F 9	Ne 10
Na 11	Mg 12											Al 13	Si 14	P 15	S 16	Cl 17	Ar 18
K 19	Ca 20	Sc 21	Ti 22	V 23	Cr 24	Mn 25	Fe 26	Co 27	Ni 28	Cu 29	Zn 30	Ga 31	Ge 32	As 33	Se 34	Br 35	Kr 36
Rb 37	Sr 38	Y 39	Zr 40	Nb 41	Mo 42	Tc 43	Ru 44	Rh 45	Pd 46	Ag 47	Cd 48	In 49	Sn 50	Sb 51	Te 52	I 53	Xe 54
Cs 55	Ba 56	La 57	Lu 71	Hf 72	Ta 73	W 74	Re 75	Os 76	Ir 77	Pt 78	Au 79	Hg 80	Tl 81	Pb 82	Bi 83	Po 84	At 85	Rn 86
Fr 87	Ra 88	Ac 89	Lr 103	Rf 104	Db 105	Sg 106	Bh 107	Hs 108	Mt 109	Ds 110	Rg 111	Cn 112	Nh 113	Fl 114	Mc 115	Lv 116	Ts 117	Og 118

La 57	Ce 58	Pr 59	Nd 60	Pm 61	Sm 62	Eu 63	Gd 64	Tb 65	Dy 66	Ho 67	Er 68	Tm 69	Yb 70
Ac 89	Th 90	Pa 91	U 92	Np 93	Pu 94	Am 95	Cm 96	Bk 97	Cf 98	Es 99	Fm 100	Md 101	No 102

圖 6 長元素週期表。

一些科學家拋棄以「定律」一詞連結到化學的週期性。化學的週期性，也許不像多數的物理定律那樣像一條定律。然而，還是可以說化學的週期性提供了一個典型化學定律的例子：相似且複雜，但基本上仍展現定律般的行為。

這裡得先討論一下專有名詞。元素週期表和週期系統有何不同？兩者之中，「週期系統」一詞較概括。週期系統是較抽象的想法，表示元素之間有某種根本關係。一旦變成如何呈現週期系統，你可以選擇三維的陳列、圓形，或各種不同的二維表格。當然，「表」一詞就只能是指二維的呈現方式。所以，雖然「元素週期表」一詞是三個專有名詞當中——定律、系統、表——迄今最為人熟知的，但其實是限制最多的。

元素的化學反應與排列

關於元素的知識，許多來自它們與其他元素的反應方式和它們的鍵結性質。傳統元素週期表上，在左邊的金屬，和通常在右邊的非金屬，互為相反且互補。之所以如此，是因

為用現代的術語來說，金屬失去電子而形成陽離子，而非金屬獲得電子形成陰離子。這樣帶電相反的離子結合，形成電中性的鹽類，例如氯化鈉或溴化鈣。金屬與非金屬還有更多的互補面向。金屬氧化物或氫氧化物溶解於水，形成鹼。非金屬氧化物或氫氧化物溶解於水，形成酸。酸和鹼在「中和作用」反應中形成鹽和水。酸與鹼，就像形成它們的金屬與非金屬一樣，也是相反但互補。

元素週期表的起源與酸鹼有關，因為它們在當量（equivalent weight）的概念中扮演重要角色，而最早元素排序就是利用這個概念。例如，任意一種金屬的當量，最初是用該金屬與一定量選定的標準酸溶液反應，由所需的金屬量得出。「當量」這個術語隨後泛指某個元素與標準量的氧反應所需要的質量。歷史上，元素在週期上的順序由當量決定，接著由原子量決定，最後由原子序決定。

化學家一開始先就酸與鹼反應的量進行定量比較。這個程序後來延伸為酸與金屬反應的量。因此，化學家得以根據金屬的當量，也就是先前提到，某金屬和固定質量的酸結合所需要的質量，並依數字大小排列金屬。

　　原子量有別於當量，首先於一八〇〇年代由約翰・道耳頓（John Dalton）從測量元素結合的質量間接推論而來。但是這個顯然簡單的方法導致新的問題，迫使道耳頓假設所探討的化合物的化學式。這個問題的關鍵是元素的價，或結合力。例如，一個單價原子，以 1：1 的比例與氫原子結合；二價原子，例如氧，以 2：1 的比例結合等。

　　當量，如先前提過，有時被認為是純經驗的概念，因為並不需要相信原子存在。原子量問世後，許多對於原子的想法感到不滿的化學家試圖恢復舊的當量概念。他們相信當量是純經驗的，因此比較可靠。但這樣的期望也是痴人說夢，因為當量也取決於假設化合物的某個化學式上，而化學式是理論的想法。

　　多年來，當量與原子量的交替使用造成了很大的混亂。道爾頓自己假設水由一個氫原子與一個氧原子結合，所以原子量會等於當量，然而對於氧的價，他的猜測其實錯了。許多研究者甚至交互使用「當量」與「原子量」兩個術語，於是再添混淆。直到一八六〇年，在德國卡爾斯魯（Karlsruhe）舉辦第一場重大的科學研討會，才確立當量、

原子量、價三者真正的關係。本次會議除了澄清，並整體採用一致的原子量，終於開通週期系統的探索之路。六位不同國家的學者分別提出元素週期表，而且就不同程度而言都算成功。他們每個人都依據原子量，由小到大排列元素。

　　稍早提到的第三種排列概念，也是最現代的，便是原子序。一旦理解原子序，也就取代了原子量，作為排列元素的原則。不再依賴結合的重量後，原子序可以從任何元素的原子結構提供簡單微觀的詮釋。一個元素的原子序是由元素的原子核內含的質子數量，或單位正電荷決定。因此，元素週期表上每個元素都比前一個元素多一個質子。由於原子核中的中子數也會隨著在週期表上移動而增加，因此原子序和原子量大致相符，然而任一元素的身分來自原子序。換句話說，儘管中子的數量會改變，而且這項特徵造成同位現象，但是，任何元素的原子永遠具有相同數量的質子。這些質子數相同，但中子數不同的原子，稱為同位素（isotopes）。

週期系統的不同呈現

現代的週期系統以原子序排列元素，因此元素各自成為自然的族，是一項重大成就。但是這個系統可用多種方式表現，因此產出許多形式的元素週期表，為不同用途而設計。化學家可能偏好能夠凸顯元素反應性的表，而電子工程師可能希望著重在導電度的相似與型態。

週期系統的呈現方式是個有趣的話題，也特別容易吸引大眾的想像。自從紐蘭茲、洛塔爾·邁耶爾、門得列夫發表了早期元素週期表以來，有許多人嘗試做出「最理想的」元素週期表。確實，有人概算，門得列夫一八六九年發表著名的元素週期表後的一百年內，約有七百種不同版本的元素週期表問世。選擇各式各樣，例如三維的表格、螺旋、同心圓、盤繞、鋸齒形、階梯表、鏡像表等。即使到了今日，依然有人發表文章，旨在展現新版、改進的週期系統。

這些努力的全都奠基在週期「定律」本身，而這個定律只有一種形式。無論元素週期表的外貌差距多大，都不能改變週期系統的這個面向。許多化學家強調，只要符合某些最

起碼的要求，這個定律實際上如何呈現並不重要。儘管如此，從哲學的角度來看，還是應該考慮元素最根本的呈現，或者週期定律的最終形式，尤其這件事情攸關週期定律應該以實在論的方式，或作為慣例看待。一般的回答——表現方式只是約定俗成的問題——似乎會與實在論者的看法衝撞。實在論者認為，在任何元素週期表中，性質會在某些點上重複發生，代表其中可能存在某個事實。

元素週期表的改變

　　一九四五年，美國化學家格倫・西博格（Glen Seaborg）建議在元素 89 錒之後的元素，應被視為類似稀土系列的系列，雖然之前有人建議這個新的系列從元素 92，也就是鈾之後才開始（圖 7）。西博格的新元素週期表顯示，銪（63）和尚未發現的元素 95，釓（64）和尚未發現的元素 96，兩兩之間相似。基於這些相似之處，西博格成功合成並發現兩個新的元素，命名為鋂與鋦。後來，研究者又合成了二十多種超鈾元素。

																H	He
Li	Be											B	C	N	O	F	Ne
Na	Mg											Al	Si	P	S	Cl	Ar
K	Ca	Sc	Ti	V	Cr	Mn	Fe	Co	Ni	Cu	Zn	Ga	Ge	As	Se	Br	Kr
Rb	Sr	Y	Zr	Nb	Mo	Tc	Ru	Rh	Pd	Ag	Cd	In	Sn	Sb	Te	I	Xe
Cs	Ba	RE	Hf	Ta	W	Re	Os	Ir	Pt	Au	Hg	Tl	Pb	Bi	Po	At	Rn
Fr	Ra	AC	Th	Pa	U												

稀土元素

La	Ce	Pr	Nd	Pm	Sm	Eu	Gd	Tb	Dy	Ho	Er	Tm	Yb	Lu

																H	He
Li	Be											B	C	N	O	F	Ne
Na	Mg											Al	Si	P	S	Cl	Ar
K	Ca	Sc	Ti	V	Cr	Mn	Fe	Co	Ni	Cu	Zn	Ga	Ge	As	Se	Br	Kr
Rb	Sr	Y	Zr	Nb	Mo	Tc	Ru	Rh	Pd	Ag	Cd	In	Sn	Sb	Te	I	Xe
Cs	Ba	LA	Hf	Ta	W	Re	Os	Ir	Pt	Au	Hg	Tl	Pb	Bi	Po	At	Rn
Fr	Ra	AC															

鑭系

La	Ce	Pr	Nd	Pm	Sm	Eu	Gd	Tb	Dy	Ho	Er	Tm	Yb	Lu

錒系

Ac	Th	Pa	U	Np	Pu									

圖 7　西博格修正前與修正後的元素週期表。

　　元素週期表的標準形式，在第三與第四週期過渡元素由誰開始的問題上，也經歷某些小變化。雖然較舊的週期表呈現的是鑭（57）與錒（89），更近期的實驗證據和分析已經把鎦（71）和鐒（103）放在它們前面（見第十章）。有趣的是，某些甚至更老的元素週期表，雖然是以肉眼可見的性質排列，卻已預期這些變化。

　　從這幾個例子可見所謂「次要分類」含糊不明的地方，這樣的分類並不如主要分類，也就是元素的順序排列那樣明確。古典的化學用語中，次要分類對應一族當中各個元素的化學相似之處。現代的術語中，次要分類以電子組態的概念解釋。無論以古典的化學取徑，或以電子組態為基礎、偏物理的取徑，這種類型的次要分類相較首要分類較為脆弱，不能被視為明確無疑。這裡所說的次要分類，就是顯示化學性質或物理性質分類兩者之間緊張關係的現代例子。每族元素在週期表上的精確位置，可能會因為更強調電子組態（物理性質）還是化學性質而有所不同。事實上，近期關於氫的位置的許多爭論，都圍繞在這兩種取徑的相對重要性上展開（見第十章）。

近年來，由於人工合成元素，元素數量已經超過一百個。撰寫本書時，118 之前的元素，包含元素 118，都已被合成並說明特徵。這樣的元素通常非常不穩定，而且每次只能製造幾個原子。然而，現在已有巧妙的化學技術能夠檢驗這些所謂「超重元素」的化學性質，並且確認這些大質量的原子是否具有推斷的化學性質。

在較哲學的層面，因為產出這些元素，我們得以檢驗週期定律是否就像牛頓的萬有引力定律，是個無例外的定律；還是說一旦達到足夠高的原子量，預期中的化學性質就會出現偏差。目前為止尚未發現意外，但是某些超重元素是否具有預期的化學性質，這個問題距離完整解答還差得遠。元素週期表在這個範疇的研究有個重大的新難題，就是越來越顯著的相對論效應（見下一節）。這些效應造成某些原子採取意外的電子組態，以致出現同樣意想不到的化學性質。

理解週期系統

物理學的發展深深影響人們理解週期系統。現代物理學

兩個最重要的理論是愛因斯坦的相對論與量子力學。

　　前者對於理解週期系統影響有限，但在精確計算原子與分子上卻越來越重要。每當物體移動速度接近光速時，就需要考慮相對論。內部的電子，尤其週期系統中較重的原子內部的電子，隨時都可以到達這樣的相對論速度。為了精確計算，尤其重的原子，就有必要引進相對論做校正。此外，許多看似平凡的元素性質，例如金典型的顏色或汞的液態性質，最佳解釋就是內層電子快速移動造成的相對論效應。

　　然而，迄今對於從理論上理解週期系統，現代物理學的量子力學所扮演的角色遠更重要。量子理論其實誕生在一九〇〇年。首先由尼爾斯・波耳（Niels Bohr）運用在原子，他想表示，任何一族的元素之間之所以相似，是因為外層的電子數相同。某個電子殼層中的電子數量這個想法，本質上很像量子的概念。它假設電子具有某能量或某能量包，因此能夠待在原子核周圍的某個殼層（見第七章）。

　　波耳在原子中引進量子的概念，許多人相繼發展他的理論，直到舊的量子理論催生量子力學（見第八章）。在新的

敘述下,電子不僅被視為粒子,也被視為波。更奇怪的是,電子不再依循明確的軌跡或軌道圍繞原子核。新的敘述反而討論一團模糊的電子雲,佔據所謂的軌域。週期系統最近期的解釋,就是多少這樣的軌域有電子佔據。這個解釋取決於電子於一個原子中的位置,或「組態」,簡單來說就是佔據的軌域。

這裡帶出一個有趣的問題,即化學與現代原子物理學,尤其是與量子力學的關係。大部分教科書一再強調的主流觀點是,化學說到底就是物理學,而且所有的化學現象,尤其是週期系統,都可以從量子力學發展。但是,這個觀點有幾個問題需要考慮。例如,有人認為量子力學在解釋週期系統上,距離完美還差得遠。這點非常重要,因為化學書籍,尤其以教學為目標的教科書,往往給人一種目前對週期系統的解釋已非常完美的印象。然而事實絕非如此,這點我們之後會討論。

在整個現代科學裡,週期系統可說是成果最豐碩、概念整合極佳的思想體系之一,也許可媲美達爾文的進化論。在眾人的努力之下,元素週期表在發展近一百五十年後,依

舊是化學研究的核心。這主要是因為，元素週期表的實際好處無邊無際，能夠預測元素所有化學與物理性質的表現，以及可能的結合方式。當代化學相關人員，不需學習一百多個元素的性質，也能從八個主要族的代表元素，以及過渡金屬、鑭系與錒系元素的性質，有效進行預測。

我們對這個主題已經具備基礎，也定義了幾個重要術語，接下來將講述現代週期系統的發展故事，就從它誕生的十八與十九世紀說起。

第三章
原子量、
三元素組、普洛特

　　人們最初將元素分組，根據的是元素在化學上的相似之處，也就是元素的性質，而非元素的數量。例如，鋰、鈉、鉀有許多共同特性，包括柔軟、能夠浮在水面，還有和多數金屬不同的事實——能與水產生明顯的反應。

　　但是現代的元素週期表兼顧了數量與性質。早在十六、十七世紀，化學從整體上看，已逐漸演變為量化的領域，也就是研究參與反應的物質有「多少」反應，而非它們「如何」反應。安東尼・拉瓦節（Antoine Lavoisier）是讓化學走上這條路的主要推手，他是法國貴族，後來在法國大革命時被送上斷頭台。拉瓦節很早就精確測量出化學反應物和產物的重量。藉此，拉瓦節駁斥一個存在已久的假說：東西燃燒時，會釋放名為「燃素」的物質。

　　拉瓦節發現事實正好相反。燃燒任何物質，例如某個元素，結果是重量增加，而非減少。他也發現，在任何化學操作中，物質的數量前後相等。之後，其他化合物結合都遵守這個「質量守恆定律」。這些需要更深層的解釋，而且最終造就元素週期表形成。

　　拉瓦節也摒棄古希臘認為性質背後有某個抽象的元素承載的概念。他反而專注於將元素視為任何化合物分解的最後階段。雖然元素抽象的觀念之後會經過修正再現，但是仍有必要和古希臘的傳統切割，尤其是那些直到中世紀還在許多煉金術士之間流傳的神祕且不科學的觀念。

　　回到元素的數量面向，一七九二年，在德國工作的班傑明‧里西特（Benjamin Richter）發表一串清單，即後來所謂的「當量」（圖 8），表示各種金屬與固定量的某種酸反

鹼		酸	
氧化鋁	525	氫氟酸	427
氧化鎂	615	碳酸	577
氨	672	泌酯酸	706
石灰	793	鹽酸	712
鈉鹼	859	草酸	755
氧化鍶	1,329	磷酸	979
鉀鹼	1,605	硫酸	1,000
鋇氧	2,222	琥珀酸	1,209
		氮酸	1,405
		醋酸	1,480
		檸檬酸	1,583
		酒石酸	1,694

圖 8　里西特的當量表，1802 年由費歇爾（Fischer）修正。

應所需要的重量，例如硝酸。現在，各種元素的性質首次能以簡單的數量方式比較。

道耳頓

一八〇一年，英國曼徹斯特一位年輕的學校教師為現代的原子理論揭開序幕。約翰‧道耳頓追隨拉瓦節與里西特的腳步，採用了古希臘的原子概念（為構成任何物質的最小粒子），並將其量化。他不只假設每種元素都由一種特定類型的原子組成，他也開始估算元素的相對重量。

例如，他利用拉瓦節結合氫與氧形成水的實驗。拉瓦節的實驗表明，水由 85％的氧和 15％的氫組成。道耳頓提出，水是由一個氫原子和一個氧原子構成，因而得到水的化學式 HO，並假設氫原子的原子量是一個單位，因此氧的原子量是 85/15 = 5.66。然而，氧原子的原子量其實是 16，差異在兩個道耳頓沒有察覺的問題。第一，他錯誤假設水是 HO，畢竟大家都知道，水的化學式是 H_2O。第二，拉瓦節的資料不是非常正確。

道耳頓的原子量合理解釋「定比定律」，即當兩個元素結合，重量比例固定。現在我們可以把這個定律想成「兩個或更多具有特定原子量的原子結合」的擴充版本。兩個元素以固定比例重量結合，這個事實反映兩個特定原子多次結合，而且，既然它們具有特定質量，成品也會反應質量比例。

其他化學家，包括道耳頓本人，還發現另一個化合定律，即「倍比定律」。當一個元素 A 與另一個元素 B 結合，形成兩個以上的化合物時，B 的結合質量在各個化合物中呈簡單整數比。例如，碳與氧結合，形成一氧化碳或二氧化碳，二氧化碳結合的氧的質量是一氧化碳的兩倍。而且，這條定律在道耳頓的原子理論中找到很好的解釋，因為根據該理論，一個碳原子在一氧化碳中和另一個氧原子結合為 CO，兩個氧原子在二氧化碳中和一個碳原子結合為 CO_2。

洪保德和給呂薩克

現在我們再看一條化合定律，這條定律一開始未用

道耳頓的理論解釋。一八〇九年，亞歷山大‧洪保德（Alexander Von Humboldt）與約瑟夫‧路易斯‧給呂薩克（Joseph Louis Gay-Lussac）發現，當氫和氧兩種氣體反應形成水蒸氣時，氫的消耗量幾乎是氧的兩倍，此外，形成的水蒸氣體積與結合的氫體積大致相同。

2 體積的氫＋1 體積的氧→ 2 體積的水蒸氣

其他氣體結合時也發現這個表現，所以洪保德與給呂薩克做出以下結論：

參與化學反應之氣體體積與氣體產物體積成簡單整數比。

這個新的化學定律對道耳頓的新原子理論帶來重大挑戰。根據道耳頓的理論，任何原子絕對不可分割，但若假設上述氣體不可分割，就無法解釋這條定律。因此，唯有在氧原子可以分割的前提下，上述兩個氫原子與一個氧原子的氫氧反應才可能發生。

義大利物理學家阿密迪歐‧亞佛加厥（Amedeo

Avogadro）解開了這個謎題。他發現其實是兩個雙原子氫分子和一個雙原子氧分子結合。之前從來沒人想過，這些氣體是由元素的兩個原子結合，形成一個雙原子的分子。既然這些分子有兩個原子，能分割的就是分子而不是原子本身。假設雙原子的氣體分子存在，由同一元素的兩個原子組成，道耳頓的理論與原子不可分割的特性依舊成立，也能解釋洪保德與給呂薩克的新定律。

氫與氧的反應是兩個氫的雙原子分子分解成四個原子，同時一個氧的雙原子分子分解為兩個氧的原子。上述六個原子接著會形成兩個水蒸氣分子，即 H_2O。這些事後看來都很簡單，但有鑑於雙原子分子在當時是激進的概念，而且水分子的化學式仍然未知，也難怪這樣一個簡單的等式：

$$2H_2 + O_2 \rightarrow 2H_2O$$

讓研究者花上五十年才完全理解。

但是由於一段奇怪的歷史轉折，道耳頓本人拒絕接受雙原子分子的想法，因為他堅信同一元素的任兩個原子應該互相排斥，因此永遠不會形成雙原子分子。原子之間形成化學

鍵還是個新概念，需要花點時間才能適應，何況是道耳頓這樣對於原子應該如何表現已有許多想法的人。與此同時，像亞佛加厥這樣沒有任何先入為主的概念的人就能迅速前進，從而提出雙原子分子的假設。而且事實上，如同我們今日已知，兩個相似原子並不互相排斥。

還有另一個人獨立想出亞佛加厥提出的雙原子分子，他就是安德列·安培（André Ampère）。現在的電流單位「安培」就是用他的姓氏命名。但是這個重大發現被雪藏了大約五十年，才終於在另一位住在西西里的義大利人斯坦尼斯勞·坎尼乍若（Stanislao Cannizzaro）手中重見天日。

普洛特的假說

在道耳頓和其他人發表原子量的清單幾年後，蘇格蘭物理學家威廉·普洛特（William Prout）注意到一件相當有趣的事。許多元素被賦予的原子量，似乎都是氫原子量的整數倍數。他於是得出一個明顯的結論：也許所有原子都由氫原子組成。如果此話為真，代表所有物質在根本層面統合為

一，而這個想法在希臘哲學之初就經常有人考慮，不同時期也會以不同形式浮出水面。

　　但是，並非所有發表的原子量都正好是氫原子量的整數倍數。普洛特並未因此氣餒，反而認為原因在於這些異常的原子量沒有給對。如同後來所知，普洛特的假說相當有建設性，因為其他人因此更準確地測量原子量，以證明他是對的還是錯的。而這些越來越精確的原子量，在發現與發展元素週期表的過程中扮演了關鍵角色。

　　不過，對於普洛特的假說，最初的共識認為它是錯的。更加精確的原子量測值顯示，整體來說，其他原子的原子量並非氫原子量的倍數。儘管如此，在這個故事中，普洛特的假說必定還會捲土重來，雖然形式略有修改。

德貝萊納的三元素組定律

　　德國化學家沃爾夫岡・德貝萊納（Wolfgang Döbereiner）發現另一個通則，有助更正確地測量原子量，並為元素週期表鋪路。一八一七年起，德貝萊納找出幾組元

素，各組裡其中一個元素具有另兩個元素的化學性質，而其原子量差不多是其他兩個的平均。這些三個一組的元素被稱為「三元素組」（triads）。例如，鋰、鈉、鉀都是偏軟、灰色、密度低的金屬。鋰遇水沒什麼反應，而鉀遇水反應激烈。鈉的反應就介於三元素組的其他兩個之間。

此外，鈉（23）的原子量在鋰（7）和鉀（39）之間。這項發現非常重要，因為它首次暗示了元素的本質與特性之間暗藏數字上的規律性，也代表元素彼此在化學上的相互關係存在數學秩序。

德貝萊納還發現一個重要的鹵素元素三元素組──氯、溴、碘。但是德貝萊納沒有試著把這些不同的三元素組從任何面向串連起來。如果他這麼做了，也許會比門得列夫和其他人提早五十年發現元素週期表。

找出三元素組的時候，德貝萊納要求每組的三個元素不只要有上述的數學關係，化學上也應該相似。其他追隨他的研究者對於後者沒那麼吹毛求疵，所以相信自己發現許多其他的三元素組。例如，一八五七年，在德國威斯巴

登（Wiesbaden），二十歲的化學家恩斯特·倫森（Ernst Lenssen）發表一篇文章，將當時所有五十八個已知的元素分成總共二十個三元素組。其中十個包含非金屬與形成酸的金屬，其他十個只是金屬。

利用圖9的二十個三元素組，倫森聲稱能辨識出一些「超三元素組」。所有三元素組中，每三個三元素組成為一個超三元素組，中間的三元素組的平均當量大致等於另兩個三元素組的平均當量之間。可以說，它們是三元素組中的三元素組。但是倫森的系統有點刻意。例如，他將單個元素氫算作一個三元素組，代替真正的三元素組，因為他覺得這樣很方便。此外，許多他聲稱存在的三元素組只是數值好看，沒有化學意義。倫森和其他化學家被表面的數字規律誘惑，忘了化學。

另一個元素分類系統來自一八四三年在德國的利奧波德·格梅林（Leopold Gmelin）。他發現一些新的三元素組，而且確實將這些三元素組串連起來，建立整體的分類系統，而且擁有特別的形狀（圖10）。他的系統包含五十五個元素之多，而且格梅林彷彿預測到後來的系統，依據漸增

	原子量計算值			原子量測量值		
1	(K + Li)/2	= Na	= 23.03	39.11	23.00	6.95
2	(Ba + Ca)/2	= Sr	= 44.29	68.59	47.63	20
3	(Mg + Cd)/2	= Zn	= 33.8	12	32.5	55.7
4	(Mn + Co)/2	= Fe	= 28.5	27.5	28	29.5
5	(La + Di)/2	= Ce	= 48.3	47.3	47	49.6
6	Yt Er Tb			32	?	?
7	Th norium Al			59.5	?	13.7
8	(Be + Ur)/2	= Zr	= 33.5	7	33.6	60
9	(Cr + Cu)/2	= Ni	= 29.3	26.8	29.6	31.7
10	(Ag + Hg)/2	= Pb	= 104	108	103.6	100
11	(O + C)/2	= N	= 7	8	7	6
12	(Si + Fl)/2	= Bo	= 12.2	15	11	9.5
13	(Cl + J)/2	= Br	= 40.6	17.7	40	63.5
14	(S + Te)/2	= Se	= 40.1	16	39.7	64.2
15	(P + Sb)/2	= As	= 38	16	37.5	60
16	(Ta + Ti)/2	= Sn	= 58.7	92.3	59	25
17	(W + Mo)/2	= V	= 69	92	68.5	46
18	(Pa + Rh)2	= Ru	= 52.5	53.2	52.1	51.2
19	(Os + Ir)/2	= Pt	= 98.9	99.4	99	98.5
20	(Bi + Au)/2	= Hg	= 101.2	104	100	98.4

圖 9 倫森的二十個三元素組。

```
              O             N                   H
F  Cl  Br  I                       Li  Na  K
    S  Se  Te                       Mg  Ca  Sr  Ba
    P  As  Sb                       Be  Ce  La
    C  B  Bi                       Zr  Th  Al
    Ti  Ta  W              Sn  Cd  Zn
      Mo  V  Cr    U  Mn  Ni  Fe
        Bi  Pb  Ag  Hg  Cu
        Os  Ir  Rh  Pt  Pd  Au
```

圖 10　格梅林的元素表。

的原子量排列大部分元素，雖然他從未明確表達過這個概念。

　　然而，格梅林的系統不能被視為週期系統，因為從他的系統看不出元素性質的重複性。換句話說，元素週期表之所以稱為元素週期表，在於化學週期這個性質，但不在格梅林的系統中。格梅林持續使用他的元素系統編寫一本大約五百頁的化學教科書。

　　這大概是元素表第一次被用做整本化學專書的基礎，而這在今日已成為標準做法。但別忘了，當時用的還不是「週期」表。

克雷默斯

現代的元素週期表，遠遠不只是好幾族化學性質類似的元素集合在一起。除了包含三元素組的「垂直關係」，現代的元素週期表也將各族元素依序排列。

一張元素週期表內有垂直範圍內的相似元素，也有水平範圍內不相似的元素。首先考慮水平關係的是德國科隆（Cologne）的彼得‧克雷默斯（Peter Kremers）。他注意到氧、硫、鈦、磷、硒這一系列的元素雖然短短的，但是存在著規律。（圖11）

	O	S	Ti	P	Se
原子量	8	16	24.12	32	39.62
差值		8	8	~8	~8

圖 11 克雷默斯氧系列的原子量差。

克雷默斯也發現幾個新的三元素組，例如：

$$Mg = \frac{O + S}{2}, Ca = \frac{S + Ti}{2}, Fe = \frac{Ti + P}{2}$$

以現代的觀點來看，這些三元素組可能沒什麼化學上的

意義。但那是因為現代的中長元素週期表無法呈現某些元素之間次要的親屬關係。例如，硫和鈦雖然在週期系統的中長表中不在同一族裡，但都是四價，所以說它們在化學上相似並不牽強。有鑑於鈦和磷通常都呈現三價，這個分類也不如現代讀者認為得那樣錯誤。但是整體而言，克雷默斯和倫森的情況一樣，都是不惜一切代價，渴望創造新的三元素組。他們的目標似乎變成在元素的原子量之間尋找三元素組的關係，不論有無任何化學意義。門得列夫後來描述這些作為，是他的同行對三元素組的執著，而且相信這耽誤了成熟的週期系統問世。

　　但回到克雷默斯，他最突出的貢獻在於提出雙向的系統，他稱為「共軛三元素組」。這裡，某些元素是兩個相交、不同的三元素組的成員。

Li 6.5	Na 23	K 39.2
Mg 12	Zn 32.6	Cd 56
Ca 20	Sr 43.8	Ba 68.5

　　因此，克雷默斯比前人更深入的地方在於比較化學上「不相似」的元素，這個研究方法到了洛塔爾・邁耶爾和門得列夫的週期表才完全成熟。

第四章

邁向元素週期表

　　一八六〇年代是制定元素週期表的重要十年。始於德國卡爾斯魯的一場會議，目的是解決一些有關化學家如何理解原子與分子概念的問題。

　　如同第二章提過，給呂薩克發現的氣體體積結合定律，只能透過假設存在兩個或多個原子結合成的可分割雙原子分子（例如 H_2、O_2 等）來解釋。由於道耳頓等人的批評，這個主張並未被普遍接受，直到五十年前首先提出這個概念的亞佛加厥的同鄉坎尼乍若（Cannizzaro），在德國卡爾斯魯的會議中大力提倡，這個想法終於得到廣泛認可。

　　另一個問題是，許多研究者給出不同的元素原子量。坎尼乍若也成功產出一套經過合理推斷的原子量值，並將之印成小冊，發給會議代表。經過這些改革後，有六名科學家發展出初步的週期系統，包含當時已知大約六十個元素。

尚古多

　　第一個真正發現化學週期性的，其實是法國地質學家尚古多（Alexandre-Émile Béguyer de Chancourtois），他將元

素依據原子量漸增排列，以螺旋狀刻在金屬圓柱上。接著，他注意到化學上相似的元素落在垂直的行，螺旋圖案環繞圓柱時，元素便會與該行相交（圖 12）。這是一個重要的發現──若將元素按自然順序排列，似乎在一定規則的間隔後會出現相近的元素。就像一週的日子，一年的月份，或音階的音符，週期性或重複性似乎是這些元素必要的性質。這個化學上的重複模式，根本的原因仍要經過好幾年才能解開。

尚古多支持普洛特的假說，甚至在他的週期系統將原子量四捨五入為整數。鈉的原子量是 23，在他的週期系統和原子量是 7 的鋰相差一圈。下一直行，他放了鎂、鈣、鐵、鍶、鈾、鋇。在現代的週期系統，其中四個──鎂、鈣、鍶、鋇──確實在同一族。放進鐵和鈾，乍看是個明顯的錯誤，但我們之後會發現，許多早期的短元素週期表會將某些過渡元素放在我們現在所謂的主族元素。

這個法國人有點倒楣的是，他的第一篇，而且最重要的一篇論文，沒有收錄他的系統圖。畢竟對於任何週期系統，「圖表」的重要性不在話下，這實在是個非常嚴重的疏失。為了改正這個問題，尚古多之後私下重新發表他的論文，但

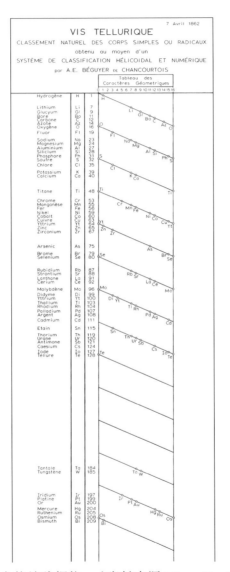

圖 12 尚古多的地球螺旋。（資料來源：From The Periodic System of Chemical Elements: A History of the First Hundred Years by J. W. van Spronsen. © Elsevier 1969.）

是並未廣泛流傳，當時的化學界也始終無人知曉。除此之外，因為尚古多是地質學家，不是化學圈的人，世界各地的化學家也就沒有注意到他的重大發現。而且，這個發現已經超前時代，所以無人追隨。

事實上，就連門得列夫於一八六九年開始發表他自己的週期系統，並因此聲名大噪的時候，多數的化學家也沒聽過尚古多的論文，無論在他的家鄉法國或任何地方。終於，在一八九二年，尚古多劃時代的論文發表三十年後，三個化學家才卯足全力挖出他的研究。

在英國，菲利普・哈托格（Philip Hartog）聽到門得列夫說尚古多不認為自己的系統是自然的系統後，覺得非常生氣，於是發表文章支持尚古多。同時在法國，保羅・德布瓦博德蘭（Paul-Émile Lecoq de Boisbaudran）和阿爾貝・拉帕朗（Albert Auguste Lapparent）也提出類似的請求，聲援其同胞的優先權，維護高盧人的光榮。

紐蘭茲

　　約翰・紐蘭茲（John Newlands）住在倫敦，是位製糖化學家，母親是義大利人，這似乎促使他奮勇投身加里波第（Garibaldi）領導的革命，為義大利統一運動效力。無論如何，年輕的紐蘭茲安然無恙，很快就回到倫敦工作。一八六三年，尚古多發表論文才過一年，紐蘭茲也發表他自己首次的元素分類。他不知道坎尼乍若的原子量，所以沒有使用，但把當時已知的元素分成十一族，每族元素展現類似的特性。此外，他注意到這些元素的原子量相差八或八的倍數（圖13）。

　　例如，他的第一族有鋰（7）、鈉（23）、鉀（39）、銣（85）、銫（123）、鉈（204）。從現代的觀點，他只放錯了鉈。鉈應該和硼、鋁、鎵、銦放在一起。鉈才剛在一年前被英國人威廉・克魯克斯（William Crookes）發現。第一個把鉈正確放在硼族的是週期系統的共同發現者，德國化學家洛塔爾・邁耶爾。即使是偉大的門得列夫，一開始也放錯位置。他和紐蘭茲一樣，把鉈放進鹼金屬裡。

第 1 族 鹼金屬：鋰，7；鈉，23；鉀，39；銣，85；銫，123；鉈，
204。

此族當量的關係（見 1863 年 1 月 10 日的《化學新聞》）也許可以簡
單表示如下：

1 鋰 +1 鉀 = 2 鈉

1 鋰 +2 鉀 = 1 銣

1 鋰 +3 鉀 = 1 銫

1 鋰 +4 鉀 = 163，一種尚未發現的金屬的當量。

1 鋰 +5 鉀 = 1 鈉

第 2 族 鹼土金屬：鎂，12；鈣，20；鍶，43.8；鋇 68.5。

此族中，鍶是鋇和鈣的平均。

第 3 族 土金屬：鈹，6.9；鋁，13.7；鋯，33.6；鈰，47；鑭，47；
didymium，48；釷，59.6。

鋁等於兩份鈹，或鈹和鋯總和的三分之一。（鋁也是錳的一半，錳
和鐵、鉻形成倍半氧化物，和氧化鋁類質同形。）

1 鋯 +1 鋁 = 1 鈰

1 鋯 +2 鋁 = 1 釷

鑭和 didymium 幾乎和鈰相等。

第 4 族 氧化亞物和氧化鎂是類質同形的金屬：鎂，12；鉻，26.7；
錳，27.6；鐵，28；鈷，29.5；鎳，29.5；銅，31.7；鋅，32.6；鎘，
56。

在本族兩端的鎂與鎘之間，鋅是平均數。鈷和鎳相等。在鈷和鋅之
間，銅是平均數。鐵是鎘的一半。在鐵和鉻之間，錳是平均數。

第 5 族 氟，19；氯，35.5；溴，80；碘 127。

本族中，溴是氯和碘的平均數。

第 6 族 氧，8；硫，16；硒，39.5；碲，64.2。

本族中，硒是硫和碲的平均數。

第 7 族 氮，14；磷，31；砷，75；鈮，99.6；銻，120.3；鉍，
213。

圖 13　紐蘭茲 1863 年元素分族的前七族

紐蘭茲在論元素分類的第一篇文章如此評論鹼金屬族：

這一族的當量關係，也許可以簡單表示如下：

1 鋰（7）+1 鉀（39）=2 鈉

當然這樣只是重新發現這些元素之間的三元素組關係，因為：

Li　　7

Na　　23　　　2Na(23) ＝ 7 + 39

K　　39

一八六四年，紐蘭茲開始發表系列文章，用自己的方式摸索出一個更完善的週期系統，他稱之為「八音律法」（Law of Octaves），也就是元素每隔八個就會重複。一八六五年，他在他的系統納入六十五個元素，並使用序數而非原子量，依照重量遞增的順序排列這些元素。接著，他自信滿滿地寫出新的定律，而且是尚古多曾經短暫考慮，最後否決掉的可能性。

由於紐蘭茲以音樂的「八音律法」為類比，而且也不是

學院體系出身的化學家，所以他在一八六六年於皇家化學學會口頭發表時被人嘲笑（圖 14）。這群不友善的聽眾中，有人問紐蘭茲，是否想過以字母順序排列元素。雖然紐蘭茲後來在其他化學期刊發表後續文章，但化學學會並沒有刊登他的文章。儘管有些化學家漸漸接受紐蘭茲的想法，但是他仍然不被認同。即使如此，紐蘭茲不屈不撓，持續一邊發表其他元素週期表，一邊回應批評。

奧德林

　　另一個發表早期元素週期表的是威廉・奧德林（William Odling），他和紐蘭茲不同，是頂尖的學院派化學家。奧德林參加卡爾斯魯會議後，在英國提倡坎尼乍若的論點。他也身兼數個要職，包括牛津大學化學系教授、倫敦阿爾伯瑪律街皇家學院的院長。奧德林獨立發表自己的元素週期表，和紐蘭茲之前的方式一樣，將元素按原子量漸增排序，並把相似的元素排在同一橫列（圖 15）。

　　奧德林在一篇一八六四年的論文中寫道：

No.	No.	No.	No.	No.	No.	No.	No.
H 1	F 8	Cl 15	Co & Ni 22	Br & Ni 22	Pd 36	I 42	Pt & Ir 50
Li 2	Na 9	K 16	Cu 23	Rb 30	Ag 37	Cs 44	Os 51
G 3	Mg 10	Ca 17	Zn 24	Sr 31	Cd 38	Ba & V 45	Hg 52
Bo 4	Al 11	Cr 19	Y 25	Ce & La 33	U 40	Ta 46	Tl 53
C 5	Si 12	Ti 18	In 26	Zr 32	Sn 39	W 47	Pb 54
N 6	P 23	Mn 20	As 27	Di & Mo 34	Sb 41	Nb 48	Bi 55
O 7	S 14	Fe 21	Se 28	Ro & Ru 35	Te 43	Au 49	Th 56

圖 14 紐蘭茲的「八音律法」元素週期表。1866 年在化學學會發表。

　　將已知的六十多種元素按各自的原子量或比例數排列後，我們發現所得的算數序列具有顯著的連續性。

接下來是進一步的推論：

　　下表顯示了這樣純粹的算數排序，是如何輕易地與這些元素通常的分族橫向排列一致，前三行的數字序列非常完美，而另外兩行不規則極少且微不足道。

Cl	-	F	or	35.5	-	19	=	16.5
K	-	Na		39	-	23	=	16
Na	-	Li		23	-	7	=	16
Mo	-	Se		96	-	80	=	16
S	-	O		32	-	16	=	16
Ca	-	Mg		40	-	24	=	16
Mg	-	G		24	-	9	=	15
P	-	N		31	-	14	=	17
Al	-	B		27.5	-	11	=	16.5
Si	-	C		28	-	12	=	16

圖 15　奧德林週期表的差值。

奧德林並不缺乏學術聲望，但不知道為什麼，他的發現沒被接受。似乎因為奧德林自己對於化學週期性缺乏熱忱，不願相信週期性可能代表某種自然定律。

辛里奇斯

在美國，初來乍到的丹麥移民古斯塔夫・辛里奇斯（Gustavus Hinrichs）正忙著發展他的元素分類系統，發表了呈放射狀的版本。然而，辛里奇斯的文章經常籠罩層層的希臘神話與怪談，他也不與同事或主流的化學家打交道。

一八三六年，辛里奇斯出生於霍爾斯坦（Holstein），這個地方當時屬於丹麥，後來成為德國的一省。二十歲就讀哥本哈根大學時，他出版第一本書。一八六一年，他為了躲避政治迫害移民美國，在高中教書一年後，受聘為愛荷華大學外語系主任。僅僅一年後，他就成為自然哲學、化學與外語的教授。他也建立美國首座氣象站，並在那裡當了十四年的站長。卡爾・扎普夫（Karl Zapffe）發表了為數不多關於辛里奇斯生活和工作的詳細描寫：

　　不用深入閱讀辛里奇斯的眾多著作，就能看出
他的作品帶有某種自我中心的狂熱，掩蓋其諸多貢
獻。晚至此時，才能將那些令他神魂顛倒的靈感，
與他自學過程中得到的背景材料區分開來。不管來
源為何，辛里奇斯經常以多種語言賣弄，假裝到不
可思議的程度，甚至認為希臘哲學是自己的學說。

辛里奇斯的興趣廣泛，擴展到天文學，他向許多之前的
研究者（可追溯至柏拉圖）一樣，注意到行星軌道大小具有
某種數字規律。他在一八六四年某篇文章中放了一張表（圖
16），並於隨後做了說明。

到太陽的距離	
水星	60
金星	80
地球	120
火星	200
小行星	360
木星	680
土星	1320
天王星	2600
海王星	5160

圖 16　辛里奇斯的行星距離表（1864 年）

辛里奇斯用 $2^x \times n$ 的方程式代表這些距離的差異，其中 n 是金星和水星到太陽的距離差，或說二十單位。根據 x 的值，這條方程式會得到以下距離：

$$2^0 \times 20 = 20$$

$$2^1 \times 20 = 40$$

$$2^2 \times 20 = 80$$

$$2^3 \times 20 = 160$$

$$2^4 \times 20 = 320$$

等等。

在這之前幾年，一八五九年，德國人古斯塔夫・克希荷夫（Gustav Kirchhoff）與羅伯特・本生（Robert Bunsen）發現每個元素經操作後可以發出光，然後利用玻璃稜鏡分散並進行數量分析。他們也發現，每種元素都有獨特的光譜，構成一組特定譜線，他們著手測量這些光譜，並製作詳細的表格發表。某些研究者認為，從這些譜線也許可以得知元素的資訊，但本生強力批評這樣的建議。實際上，本生一直非常反對透過研究光譜來獲取有關原子的資訊，或對其進行分類。

　　然而，辛里奇斯毫不猶豫就將光譜與元素的原子連結。他尤其對一個現象感興趣：任何一個元素，其光譜線的頻率似乎永遠是最小差的整數倍數。以鈣為例，發現的光譜頻率是 1:2:4。辛里奇斯對此的解釋既大膽又優雅：如果行星軌道的大小產生規律的整數序列，如之前所提到的，而且如果譜線差之間的比例也是整數，那麼後者的原因可能在於不同元素原子大小的比例之中。

　　辛里奇斯的輪狀系統從中央發散十一條「輻條」，主要分成三個非金屬族和八個包含金屬的族（圖 17）。從現代觀點來看，非金屬族的排序似乎有錯，從螺旋的上方由左到右，序列是 16、15，然後是第 17 族。辛里奇斯把碳和矽分在金屬族，大概是因為那一族包括鎳、鈀、鉑。而現代的元素週期表，這三個金屬確實在同一族，但並未和碳、矽在一起。碳、矽和鍺、錫、鉛同在第 14 族。

　　然而，整體來說，辛里奇斯的週期系統在許多重要元素的分類上可謂相當成功。這個系統其中一項優點是各族一目了然，相較之下，紐蘭茲於一八六四年與一八六五年提出的週期系統顯得複雜又較不成功。辛里奇斯具備深厚的化學知

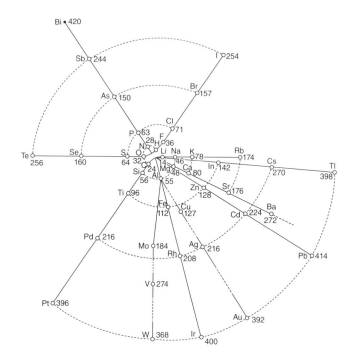

圖 17 辛里奇斯的週期系統。（資料來源：From The Periodic System of Chemical Elements: A History of the First Hundred Years by J. W. van Spronsen. © Elsevier 1969.）

識，也精通礦物學，所以在發現週期系統的人當中，他懂的學科也許最多。辛里奇斯以與眾不同的方向提出他的週期系統，可說是為週期系統提供了獨立的支持。

一八六九年，辛里奇斯在《製藥者》（*The Pharmacists*）發表文章，討論了之前在元素分類上的失敗研究，但他隻字未提和他一起發現的尚古多、紐蘭茲、奧德林、洛塔爾·邁耶爾或門得列夫。辛里奇斯像是完全忽略了其他直接以原子量為基礎進行元素分類的嘗試，但有鑑於他懂得多國語言，我們可以假定他應該都知道。

洛塔爾·邁耶爾

週期系統首次對科學世界造成一定的衝擊，是因為德國吉納（Jena）的化學家洛塔爾·邁耶爾。但是在真正發現週期系統的競賽中，洛塔爾·邁耶爾通常被視為亞軍，輸給了門得列夫。這麼評價整體而言是對的，但若從他的幾項成果來看，他應被視為共同發現者，而非落敗者。

洛塔爾·邁耶爾和門得列夫一樣，參加卡爾斯魯會議時也是個青年。他似乎對於坎尼乍若在這場會議發表的內容印象深刻，而且立刻開始編輯坎尼乍若研究的德文版。一八六二年，卡爾斯魯會議才過兩年，洛塔爾·邁耶爾就設計出兩

張局部元素週期表，一張包括二十八個元素，依原子量漸增排序，並根據其化學價分族，垂直排列（圖18）。

一八六四年，他出版了一部影響深遠的理論化學著作，收錄了他那兩張表。第二張表列出二十二個元素，部分依原子量漸增排列。

洛塔爾·邁耶爾採用的是理論或物理化學家的取徑。他更重視元素的密度、原子體積、熔點等量，而非其化學性質。相對於流行的作法，洛塔爾·邁耶爾在他的元素週期表上留下幾格空白，並嘗試預測可能填補這些空格的元素性質。其中之一在一八八六年被分離並命名為鍺。不像門得列夫，洛塔爾·邁耶爾相信所有物質的本質為一體，而且支持普洛特假設元素具有複合性質。

一八六八年，他為他的教科書第二版做出延伸的週期系統，包括五十三個已知元素（圖19）。不幸的是，出版社漏了這張表。這張表既沒有出現在新版的書中，也沒有發表在任何期刊上。就連洛塔爾·邁耶爾自己似乎都忘記有這張表，因為後來和門得列夫出現優先爭議時，他也沒有提起這

張表。如果這張表在當時被公之於眾，就難說門得列夫的優先主張是否會如今日這般獲得重視。

洛塔爾・邁耶爾遺失的表有個極大的優點，就是包括了許多元素，而且某些元素放的位置是正確的、而門得列夫於同一年發表的那份著名的表反而是錯的。遺失的表後來總算在一八九五年出版，但洛塔爾・邁耶爾已經過世。這個時候，對於誰先設計出完全成熟的週期系統，已經毫無影響了。

在這場爭論中，門得列夫的姿態相當強硬，主張這個榮耀屬於自己，因為他不只發現週期系統，還成功預測幾項事實。反觀洛塔爾・邁耶爾，似乎抱持著失敗者的態度，甚至承認自己缺乏做出預測的勇氣。

	四價	三價	二價	一價	一價	二價
	--	--	--	--	Li = 7.03	(Be = 9.3?)
差=					16.02	(14.7)
	C = 12.0	N = 14.04	O = 16.00	Fl = 19.0	Na = 23.05	Mg = 24.0
差=	16.5	16.96	16.07	16.46	16.08	16.0
	Si = 28.5	P = 31.0	S = 32.07	Cl = 35.46	K = 39.13	Ca = 40.0
差=	$\frac{89.1}{2} = 44.55$	44.0	46.7	44.51	46.3	47.6
	--	As = 75.0	Se = 78.8	Br = 79.97	Rb = 85.4	Sr = 87.6
差=	$\frac{89.1}{2} = 44.55$	45.6	49.5	46.8	47.6	49.5
	Sn = 117.6	Sb = 120.6	Te = 128.3	I = 126.8	Cs = 133.0	Ba = 137.1
差=	$89.4 = 2 \times 44.7$	$87.4 = 2 \times 43.7$	--	--	$(71 = 2 \times 35.5)$	--
	Pb = 207.0	Bi = 208.0	--	--	(Tl = 204?)	--

圖 18 洛塔爾・邁耶爾 1862 年的週期系統

1	2	3	4	5	6	7	8
		Al = 27.3	Al. = 27.3				C = 12.00
		$\frac{28.7}{2}=14.8$					16.5
							Si = 28.5
							$\frac{89.1}{2}=44.55$
							$\frac{89.1}{2}=44.55$
							Su = 117.6
							89.4 = 2.41.7
							Pb = 207.0
Cr = 52.6	Mn = 55.1	Fe = 56.0	Co = 58.7	Ni = 58.7	Cu = 63.5	Zn = 65.0	
	49.2	48.9	47.8		44.4	46.9	
	Ru = 104.3	Rh=103.4	Pd = 106.0		Ag = 107.9	Cd = 111.9	
	92.8 = 2.46.4	92.8=2.46.4	93 = 2.465		88.8 = 2.44.4	88.3 = 2.44.5	
	Pt = 197.1	Ir = 197.1	Os = 199.		Au = 196.7	Hg = 200.2	

9	10	11	12	13	14	15
N = 14.4	O = 16.00	F = 19.0	Li = 7.03	Be = 9.3	Ti = 48	Mo. = 92.0
16.96	16.07	16.46	16.02	14.7	42.0	45.0
P = 31.0	S = 32.07	Cl = 35.46	Na = 23.05	Mg = 24.0	Zr = 90.0	Vd = 137.0
44.0	46.7	44.5	16.08	16.0	47.6	47.0
AS = 75.0	Se = 78.8	Br = 79.9	K = 39.13	Ca = 40.0	Ta = 137.6	W = 184.0
45.6	49.5	46.8	46.3	47.6		
Sb = 120.6	Te = 128.3	I = 126.8	Rb = 85.4	Sr = 87.6		
87.4 = 2.43.7			47.6	49.5		
Bi = 208.0			Cs = 133.0	Ba = 137.1		
			71 = 2.35.5			
			Te = 204.0			

圖 19 洛塔爾・邁耶爾 1868 年的週期系統

.

第五章
俄羅斯天才：
門得列夫

　　德米特里・伊凡諾維奇・門得列夫是現代最有名的俄羅斯科學家。他不只發現週期系統，也確認週期系統指向深層的自然律——週期定律。他花了很多年勾勒出這個定律的完整結論，更重要的是，他預測了許多新的元素及性質。此外，他修正某些已知元素的原子量，成功更動其他元素在元素週期表的位置。

　　但是最重要的也許是，即使門得列夫同時研究各領域的學問，對於元素週期表，他始終堅持不懈，傾畢生之力研究並發展，以致彷彿是他的一般。反觀那些在他之前開始研究的人，或共同發現的人，都沒有繼續堅持。因此，門得列夫和元素週期表緊緊相連在一起，就像達爾文之於天擇，愛因斯坦之於相對論。既然門得列夫在元素週期表的故事中地位崇高，我們將用這一整章討論他的科學工作，以及他的早期發展。

　　門得列夫的父親擁有一家玻璃工廠。他在門得列夫很小的時候就失明，不久就去世了。門得列夫是十四個孩子中的老么，由疼愛他的母親一手撫養他長大。他的母親決心讓他盡可能接受最好的教育，於是帶著年輕的門得列夫走遍千

哩，卻沒能讓他進入莫斯科大學。門得列夫遭到拒絕的原因顯然和他的西伯利亞血統有關，而該大學只錄取俄羅斯人。門得列夫的母親不屈不撓，後來成功送他進入聖彼得堡高等師範學校，他在那裡開始研讀化學、物理學、生物學，當然還有教育學——最後一門學問後來意外幫助他發現成熟的週期系統。難過的是，門得列夫入學不久後母親就去世了，他只得自力更生。

大學畢業後，門得列夫先在法國待了一段時間，又去了德國。在德國時，雖然進入了羅伯特・本生的實驗室，但他更喜歡待在家裡自己做氣體實驗。就在這段旅德時期，門得列夫參加了一八六〇年的卡爾斯魯會議，倒不是因為他是重要的化學家，只是因為他剛好在對的時間，身在對的地方。雖然門得列夫和也在這場會議的洛塔爾・邁耶爾一樣，很快就發現坎尼乍若的研究相當有價值，然而門得列夫似乎花了更多時間，才轉而利用坎尼乍若的原子量。

一八六一年，門得列夫出版一本有機化學的教科書，並因此獲得夢寐以求的傑米多夫獎（Demidov Prize），前途大開。一八六五年，他以酒精與水的相互作用為博士論文題目

並完成答辯，接著開始撰寫有關無機化學的書籍，藉此改善化學教學。在這本新書的第一卷中，他並未以特定順序排列一般元素。一八六八年，他已經完成第一冊，開始思考要如何在第二冊提及剩下的元素。

真正的發現

雖然門得列夫一直思考著元素、原子量、分類，但是足足想了十年之久，才終於迎來「我發現了！」這個時刻，就是一八六九年二月十七日這一天，也許可以訂為「我發現了！」紀念日。這一天，他取消了以顧問身分視察起司工廠的行程，決定投入研究他日後最膾炙人口的代表作——元素週期表。

首先，他在起司工廠邀請函的背後，把幾個元素的符號列成兩行：

Na	K	Rb	Cs
Be	Mg	Zn	Cd

接著，他列出一個稍微更大的陣列，包括十六個元素：

F	Cl	Br	I			
Na	K	Rb	Cs		Cu	Ag
Mg	Ca	Sr	Ba	Zn	Cd	

當天晚上，門得列夫就把整個元素週期表都畫了出來，包括六十三個已知元素。此外，這張表還留了幾個空格給當時未知的元素，甚至預測這些未知元素的原子量。他將這張表複印兩百份，寄給整個歐洲的化學家。同年三月六日，門得列夫的同事在俄羅斯化學學會一場會議上宣布這項發現。一個月內，這個新成立的學會就在期刊上刊登了一篇文章，另一篇更長的則在德國發表。

多數關於門得列夫的大眾讀物和紀錄片會說他在夢中想到他的元素週期表，或在玩紙牌接龍時把牌當成一個個元素。這兩個故事，尤其後者，現在已經被許多門得列夫的傳記作者視為是杜撰的，例如科學史家麥克・戈爾丁（Michael Gordin）。

還是回來討論門得列夫的科學方法吧。他和對手洛塔爾·邁耶爾很大的不同是，他不相信所有物質的統一性，也不支持普洛特關於元素具有複合性質的假說。門得列夫也刻意與三元素組的想法保持距離。例如，他提出氟應該和氯、溴、碘放在一起，形成一個至少四個元素的族。

洛塔爾·邁耶爾專注於物理原則，主要關注元素的物理性質，而門得列夫則非常熟悉元素的化學性質。然而，說到分類元素最重要的標準時，門得列夫堅持以原子量排序，不容許有任何例外。當然，許多在門得列夫之前的人，例如尚古多、紐蘭茲、奧德林，以及洛塔爾·邁耶爾都承認原子量的重要性，儘管程度不一。但是門得列夫對原子量與元素的本質有更深層的哲學理解，得以一探尚未被人發現的元素，進入這個未知領域。

元素的本質

化學中有個長久的謎題。鈉和氯結合時會產生全新的物質氯化鈉，但參與結合的兩個元素似乎不在了，至少肉眼看

是如此。這是化學鍵結的現象，或稱化合作用，和混合硫粉與鐵屑這種物理混合完全不一樣。

化合作用的問題之一，是了解結合的元素是如何留存在化合物中（如果有的話）。在某些語言中這個問題會變得更複雜，例如在英文中，我們會用「元素」指稱化合後的物質，例如氯化鈉中的氯。如此一來，未合成的綠色氣體氯和化合後的氯，有時都被稱為「元素」。現在，我們對於描述元素週期表應該要分類的物質所用的重要的化學術語，有了三種概念。

如上所述，「元素」的第三種概念有各種名稱，包括形而上的元素（metaphysical element）、抽象元素（abstract element）、超越元素（transcendental element），更近期的說法是「元素作為基本物質」。這是元素作為性質的抽象載體，但是缺乏像氯那般綠色的現象性質。同時，綠色的氯被稱為「單質」（simple substance）元素。

十八世紀末，安東萬・拉瓦錫徹底變革化學時，他的貢獻之一就是全神貫注在作為單質的元素，也就是分離形態的

元素。這麼做是為了擺脫過度形而上的包袱，藉此改善化學，而且確實是一大進步。現在，「元素」主要是指分離任何化合物中的成分的最後一步的產物。拉瓦錫是否有意排除「元素」較抽象且哲學的概念，這點仍待討論，但可以肯定的是，這個概念逐漸退居在後。

然而，較抽象的概念並沒有完全被遺忘，門得列夫便是其中一位不僅理解、且主張提升這層意義的化學家。事實上，他多次聲稱週期系統主要是對較抽象層面的「元素」進行分類，而不一定是可以被分離的、更具體的元素。

我之所以小心探討這個問題，是因為相比那些局限於分離型態的元素的化學家，門得列夫能夠以更深入地看待元素。他可以獲得超越外觀的可能性。如果某個特定元素看似不配放在某一族，門得列夫就可以利用「元素」這個更深層的意義，因此在某個程度上，他可以忽略元素在分離型態或作為單質時的明顯性質。

門得列夫的預測

門得列夫最大、而且也許是他最為人熟知的成就，就是正確預測幾個新的元素。此外，他修正某些元素的原子量，也把其他元素重新放在週期表中新的位置。誠如我在上一節中所提到的，這樣的遠見可能是因為，比起他的競爭者，他對於元素的本質有著更深刻的哲學理解。當他把焦點集中在元素作為基本物質這個更抽象的概念，就能越過局限於分離型態的元素時會遇到的明顯困難。

雖然門得列夫最重視的是元素的原子量，但他也考慮元素的化學與物理性質，以及族內元素的相似性。洛塔爾·邁耶爾專注在物理性質，門得列夫花更多心思在元素的化學性質。他使用的另一個標準是，每個元素在週期表上只能占一個位置，盡管他在處理雖他所謂的第 8 族（圖 5，第 33 頁）時，有意違反這個標準。然而，他更重要的標準是根據漸增的原子量排序。在一兩個情況，他似乎又違反這個原則，但仔細檢查後會發現其實沒有。

碲和碘是週期表上僅有的四對顛倒的元素之一，也是四

對當中最知名的。這幾個元素，若依照原子量由小到大排序，看起來像排反了（碲 =127.6、碘 =126.9，但碲在碘前面）。過去許多說法都表示門得列夫非常聰明，把這些元素的位置對調，因此重視化學性質多於依據原子量排序。這樣的主張從幾個面向來看是有誤的。首先，門得列夫絕對不是第一個對調位置的化學家。奧德林、紐蘭茲、洛塔爾‧邁耶爾，都在門得列夫的文章問世之前就發表過碲在碘前面的元素週期表。第二，門得列夫實際上並沒有把化學性質看得比原子量排序更重要。

　　門得列夫遵守他的標準，依據漸增的原子量排序，並且一再重申這個原則不容許任何例外。他對碲和碘的想法是，其中一個或兩個的原子量搞錯了，而且未來的研究會顯示，即使在原子量排序的基礎上，碲也應該排在碘之前。就這一點，門得列夫錯了。

　　門得列夫提出他的第一個週期系統時，人們認為碲和碘的原子量分別是 128 與 127。門得列夫相信原子量是根本的排序原則，意味他沒得選擇，只能質疑這兩個原子量是否正確。這是因為，就化學上的相似性來看，碲應該和第六族的

元素放在一起，而碘應該在第七族，或者，換句話說，這一對元素應該「對調」。門得列夫終其一生都持續質疑這些原子量。

　　起初，門得列夫懷疑碲的原子量，並相信碘的正確無誤。他開始在後來幾張元素週期表上，將碲的原子量列為125。有一次，他主張一般說的128是把碲和一個新的元素混在一起，他稱為「類碲」（eka-tellurium），才會得到這樣的測量結果。捷克化學家博胡斯拉夫・布勞納（Bohuslav Brauner）受到這些主張驅使，一八八〇年代初期開始進行一系列的實驗，旨在重新訂定碲的原子量。到了一八八三年，布勞納在一場會議上宣布碲的原子量應該是125，與會者紛紛發送電報祝賀門得列夫。一八八九年，布勞納又有新的實驗結果，似乎更加確定之前碲＝125的發現。

　　但是到了一八九五年又發生了變化，布勞納自己提出新的值，此時碲又大於碘，事情因此回到原點。這下子門得列夫不質疑碲了，開始質疑普遍接受的碘原子量。這次，他要求重新測定碘的原子量，希望它的值會更高。在他後來的一些元素週期表中，門得列夫甚至把碲和碘的原子量都列為

127。這個問題直到亨利・莫斯利（Henry Moseley）在一九一三和一九一四年的研究才解決，他表示原子應該依照原子序排列，而非原子量。雖然碲的原子量高於碘，但它的原子序較低，這就是為什麼它應該放在碘之前的原因，其化學表現也完全吻合。

雖然門得列夫的預測看起來非常神奇，但事實上是憑藉著性質，在已知的元素左右小心安插未知的元素。後來，他在一八七一年寫了篇長文，詳細說明他的預測，但其實他在一八六九年第一篇論週期系統的文章中就開始預測。他先從他的元素週期表上兩個空格開始，一個是鋁的下方，另一個是矽的下方。他用梵文的字首 eka，有「一」和「類一」的意思，暫時稱那兩個空格為「類鋁」（eka-aluminium）和「類硼」（eka-boron）。他在一八六九年的文章中寫道：

> 我們必須期待目前未知的元素被人發現，即類似鋁和矽的元素，原子量介於 65-75。

一八七〇年秋天，他開始推測第三個元素，在表中位於硼下方。他列出這三個元素的原子體積：

類硼	類鋁	類矽
15	11.5	13

一八七一年，他預測它們的原子量為：

類硼	類鋁	類矽
44	68	72

而且對這三個元素，他還提出種種化學與物理性質的詳細預測。

六年後，這些預測的元素之中終於有一個被分離出來，稱為鎵。除了幾處細微的不同，門得列夫的預測幾乎完全正確。門得列夫預測的準確度，還可從他稱為「類矽」的元素見到，這個元素後來被德國化學家克萊門斯・溫克勒（Clemens Winkler）分離出來，稱為鍺。看起來，門得列夫唯一的失誤，只有鍺的四氯化物的沸點（圖20）。

性質	類矽（1871 年預測）	1886 年發現的鍺
相對原子量	72	72.32
比重	5.5	5.47
比熱	0.073	0.076
原子體積	13cm^3	13.22cm^3
顏色	深灰	灰白
二氧化物比重	4.7	4.703
四氯化物沸點	100℃	86℃
四氯化物比重	1.9	1.887
四乙基衍生物沸點	160℃	160℃

圖 20 類矽（鍺）的預測與觀察性質。

門得列夫的失敗預測

並非所有門得列夫的預測都成功，這一點似乎被大部分的元素週期表歷史著作忽略了。如圖 21 所示，他發表的十八項預測中，有八項並未成功，雖然這些預測的重要性不盡相同。這是因為其中一些預測涉及稀土元素，而稀土元素彼此之間非常相似，也是接下來的許多年元素週期表的極大挑戰。

門得列夫預測 的元素	原子量預測值	原子量測量值	最終名稱
冠冕	0.4	未發現	未發現
以太	0.17	未發現	未發現
類硼	44	44.6	鈧
類鈰	54	未發現	未發現
類鋁	68	69.2	鎵
類矽	72	72.0	鍺
類錳	100	99	鎝 (1939)
類鉬	140	未發現	未發現
類鈮	146	未發現	未發現
類鎘	155	未發現	未發現
類碘	170	未發現	未發現
類銫	175	未發現	未發現
三錳	190	186	錸 (1925)
二碲	212	210	釙 (1898)
二鉋	220	223	鋱 (1939)
類鉭	235	231	鏷 (1917)

圖 21　門得列夫的預測。

　　此外，門得列夫失敗的預測引發另一個哲學問題。長久以來，科學的歷史家與哲學家都在辯論，我們應該更看重成功的預測，還是看中成功驗證已知的數據。當然，成功的預

測具有更大的心理衝擊，這點沒有爭議，因為那些預測幾乎
代表從事該研究的科學家可以預知未來。但是成功對已知數
據進行解釋或調整也不是容易的事，尤其是因為通常有更多
已知訊息需要整合納入新的科學理論。門得列夫與元素週期
表尤其如此，因為他必須成功地將多達六十三個已知元素納
入一個完全連貫的系統。

　　發現元素週期表的時候，諾貝爾獎尚未設立。化學領域
其中一項最高榮譽是戴維獎章（Davy Medal），以化學家漢
弗禮·戴維命名，由英國皇家化學學會頒發。一八八二年，
戴維獎章同時頒給洛塔爾·邁耶爾與門得列夫。這個事實似
乎表明，擔任評審的化學家對門得列夫成功的預測不是非常
驚艷，畢竟他們也願意認可沒有做過任何預測的洛塔爾·邁
耶爾。此外，獎項的表揚文章中也完全沒有提到門得列夫成
功的預測。看來這群頂尖的英國化學家並未受到成功預測的
心理效應影響，而是更注重個人成功納入已知元素的能力。

惰性氣體

十九世紀末發現惰性氣體，竟為週期系統帶來有趣的挑戰，理由如下。首先，儘管門得列夫戲劇性地預測許多其他元素，但他完全沒有預測到這一整個族的元素（氦、氖、氬、氪、氙、氡）。

這個族首先被分離出來的是氬，一八九四年由倫敦大學學院發現。不像許多之前提過的元素，錯綜複雜的原因導致納入這個元素成為艱鉅的工作。直到六年後，惰性氣體才成為第八族，位於鹵素和鹼金屬之間。

但是我們先回來談首先被分離的惰性氣體，也就是氬。瑞利男爵（Lord Rayleigh）和威廉・拉姆齊（William Ramsey）研究氮氣的時候，從中取得非常少量的氬。若要把氬放在元素週期表上，就需要非常重要的原子量，偏偏這個資料非常難得。原因在於，氬的原子數很難決定。多數測量指向它是單原子，但當時所有其他已知氣體都是雙原子（H_2、N_2、O_2、F_2、Cl_2）。如果氬真的是單原子，其原子量將大約是 40，然而就這麼放在元素週期表上又有問

題，因為這個原子量的位置已經被佔據了。鈣的原子量大約40，它之後是門得列夫成功預測的元素之一鈧，原子量是44。這似乎沒有為原子量為 40 的新元素留出空間。（圖 5）

氬（35.5）和鉀（39）之間的空格很大，但把氩放在這兩個元素之間，又會產生相當突兀的對調。請回想一下，當時只存在碲和碘這一對明顯的元素對調，這個作法當時已經被視為極度異常。門得列夫已經做出結論，碲與碘這一對顛倒是因為錯誤的原子量，不是碲錯就是碘錯，或者兩者都錯。

而且，氩元素還有另一個不尋常的地方，就是它在化學性質上完全是惰性的，意思就是我們無法研究氩的化合物，因為它不會形成任何化合物。有些研究人員認為這個氣體的惰性意味這它不是真正的化學元素。如果確實如此，那應該把它在哪裡的窘境就很容易解決了，因為根本不需要把它放進去。

但是仍有很多人努力要把這個元素放進週期表。一八八五年，英國皇家學會舉行了一次會議，探討的重點就是如何

安置氬，與會者皆是當時領頭的化學家和物理學家。發現氬的瑞利與拉姆齊主張這個元素可能是單原子元素，但也承認他們並不確定。此外，他們也不確定這個氣體是不是混合物，這意味著其原子量也許不是 40。威廉·克魯克斯提出一些證據，支持氬有明確的沸點與熔點，因此指出這是單一元素而非混合物。頂尖的化學家亨利·阿姆斯壯（Henry Armstrong）認為氬可能類似氮，氮會形成惰性的雙原子分子，儘管單個氮原子具有很高的活性。

物理學家亞瑟·呂克（Arthur William Rücker）主張原子量大約 40 可能是正確的，而且如果這個元素無法納入週期表，那麼週期表本身就是有問題的。這個評論很有意思，由此可見，縱然門得列夫的元素週期表已經發表十六年，而且縱然他的三個有名的預測已經實現，也不是每個人都相信週期表是正確的。

對於氬這個新元素的命運，或者它算不算新的元素，皇家學會會議沒有明確結論。門得列夫本人沒有參加這個會議，但他在《自然》（Nature）雜誌上發表了一篇文章，結論是氬是三原子，而且包含三個氮原子。他的根據是假設原

子量 40 除以 3，得到 13.3，和氮的原子量 14 相差不遠，此外，氬在氮的實驗過程中被發現，這增加了三原子這個想法的可信度。

這個問題終於在一九〇〇年解決。在柏林的一次會議上，這個新氣體的發現人之一拉姆齊告訴門得列夫，有個新的族，當時還加入了氦、氖、氪、氙，可以優雅地放入鹵素和鹼金屬之間的第八列中。而這些新元素中第一個被發現的氬一直特別棘手，因為這代表又多一對對調的元素。氬的原子量約 40，但出現在原子量約 39 的鉀前面。門得列夫這次欣然接受這個建議，而且之後寫道：

> 這對他（拉姆齊）而言非常重要，因為肯定了
> 新發現元素的位置，而對我而來說，這是週期定律
> 的普遍適用性得到輝煌地證實。

發現惰性氣體並成功納入元素週期表，非但沒有威脅到元素週期表，反而更加凸顯門得列夫的週期系統強大且通用。

第六章

物理學入侵
元素週期表

　　雖然約翰・道耳頓已經重新引入原子的概念，化學家之間還是充滿爭論，大多數人拒絕接受原子的存在，門得列夫就是持懷疑態度的其中一位。但如同我們在上一章所見，這並不妨礙他發表出當時最成功的週期系統。進入二十世紀後，經過愛因斯坦等物理學家的研究後，原子確實存在的想法越來越穩固。愛因斯坦在一九〇五年發表一篇關於布朗運動的論文，利用統計方法提出原子存在的決定性理論證明，實驗層面的證據則很快由法國實驗物理學家讓・佩蘭（Jean Perrin）提出。

　　伴隨這項變化的還有各式各樣探索原子結構的研究，這些發展對從理論上理解週期系統帶來重大影響。在本章中，我們會探討這些原子研究以及二十世紀物理學幾項重大發現，這些發現促成了我所謂的「物理學入侵元素週期表」。

　　一八九七年，傳奇人物湯姆森（J. J. Thomson）在劍橋大學卡文迪許實驗室發現電子，這是首次發現次原子粒子，也是首次透露原子具有次結構。一八九五年，威廉・倫琴（Wilhelm Konrad Röntgen）在德國符茲堡發現 X 射線。這些新的射線很快就會被亨利・莫斯利善加利用，這位年輕的

物理學家先是在曼徹斯特工作，其餘的短暫科學生涯則在牛津度過。

　　倫琴發現 X 射線後僅一年，在巴黎的亨利・貝克勒（Henri Becquerel）就發現了一個非常重要的現象，稱為放射性──某些原子在自發性分裂時，會發射出多種新的射線。「放射性」這個詞是由波蘭出生的瑪麗・斯克沃多夫斯卡（Marie Sklodowska，後來的居禮夫人，圖 22）創造的，她和丈夫皮耶・居禮開始研究這個危險的新現象，並很快發現兩個新元素，分別稱之為釙和鐳。

　　藉由研究原子在進行放射性衰變時如何分裂，就可以更有效地探測原子的組成，探討支配原子轉化為其他原子的法則。因此，儘管元素週期表處理的是不同的元素個體或其原子，但似乎也有個特徵，允許某些原子在對的情況下轉換成其他原子。例如，失去一個 α 粒子（由兩個質子和兩個中子組成的氦核），就會得到原子序下降兩個單位的元素。

　　同時期另一個深具影響力的物理學家是歐內斯特・拉塞福（Ernest Rutherford）。他是紐西蘭人，曾在劍橋大學從

圖 22　瑪麗・居禮。（資料來源：AIP Emilio Segrè Visual Archives, W.F. Meggers Gallery of Nobel Laureates Collection.）

事研究，之後又待過麥吉爾大學（McGill University）和曼徹斯特大學，接著回到劍橋，接續湯姆森在卡文迪許實驗室擔任主任。拉塞福在原子物理學的貢獻眾多且各異其趣，包括發現放射性衰變的定律，也是第一個「分裂原子」的人。他還是第一個將元素「蛻變」（transmutation）為其他新元

素的人。拉塞福實現了人工模擬放射性過程，同樣產生了完全不同元素的原子，並再次強調所有物質本質上都是同一的。這剛好是門得列夫畢生強烈反對的想法。

拉塞福的另一個發現是原子的核模型，這個概念現在已被人們所接受，就是原子中心有一個原子核，周圍環繞著帶負電的電子。他在劍橋大學的前輩湯姆森，曾認為原子是由一個帶正電的球體構成，裡頭的電子以環狀圍繞著它運行。

然而，第一個提出類似迷你太陽系的核子模型的人不是拉塞福。這個榮譽屬於法國物理學家讓・佩林（Jean Perrin），他在一九〇〇年提出負電子環繞著正核運動，像是行星環繞太陽。一九〇三年，日本學者長岡半太郎賦予這個天文類比新的轉折。他提出土星模型，其中電子取代著名的土星環。但是佩林和長岡都無法提供任何實驗證據支持他們的原子模型，而拉塞福可以。

拉塞福和年輕的同事蓋格（Geiger）與馬斯登（Marsden）對著一張金箔發射一束 α 粒子，得到非常驚人的結果。雖然大部分的 α 粒子都還算順利地通過金箔，卻

也有相當數量的粒子以非常傾斜的角度反彈回來。拉塞福的結論是，金原子或其他任何物質的原子，內部絕大部分空空如也，但中央有一個高密度的核，所以某些 α 粒子才會往後散射回來。

因此，大自然比人們先前所想的還要靈活多變。例如，門得列夫曾認為元素是絕對獨立的，他不接受元素可以轉換成不同元素這種想法。當居禮夫婦公佈他們的實驗結果，提出原子分裂時，門得列夫便動身前往巴黎親自察看證據，但他不久後就去世了，所以我們也不清楚他參觀實驗室後是否接受了這個激進的新概念。

X 射線

一八九五年，德國物理學家倫琴有了一項重大發現。在這之前，他的研究成果都不怎麼特別。如同原子物理學家埃米利奧・塞格雷（Emilio Segrè）後來寫的：「一八九五年之前，倫琴寫了四十八篇論文，現在根本沒人記得。他的第四十九篇為他帶來巨大的收穫。」

倫琴當時是在研究電流在一種名為克魯克斯管（Crookes tube）的真空玻璃管中如何表現。過程中，倫琴注意到與他實驗無關的某個物體，在實驗室的另一邊發出微光。那是一個塗上鉑氰化鋇的屏幕。他很快就確定那道微光不是來自電流，並推論在這個克魯克斯管裡可能產生某種新型射線。沒多久，倫琴就發現 X 射線最為人熟知的特性，那就是可以用來產生手的影像，清楚顯示手骨輪廓。帶來許多強大醫學應用的新技術於是誕生。祕密研究七週後，倫琴準備好向符茲堡物理醫學學會（Würzburg Physical-Medical Society）發表他的結果。而他的新射線也將對當時毫無交集的兩個領域帶來巨大的衝擊。

人在巴黎的亨利・貝克勒拿到幾張倫琴最初的 X 射線影像，他對研究 X 射線和磷光的性質，即一些物質在陽光底下會發光的性質，兩者之間的關係很感興趣。為了驗證他的想法，貝克勒用厚紙包了一些鈾鹽，但因為天氣不好，沒有陽光，於是他暫時將這些材料收進抽屜裡。幸運的是，貝克勒碰巧將包好的鈾鹽放在未顯影的相片底片上。

幾天後打開抽屜時，他驚訝地發現明明沒有陽光照射，

底片竟然出現鈾鹽的影像。這顯然說明，鈾鹽不受磷光過程的影響，會發出自己的射線。貝克勒發現的正是放射性，是一種自然過程，在某些材料中，原子核自發的衰變會產生強烈且在某些情況下是危險的放射物質。幾年後，瑪麗・居禮將這個現象稱為「放射性」。

貝克勒未能找到 X 射線和磷光之間任何關係。事實上，這些實驗裡頭根本沒有 X 射線，但他發現的現象在多個方面都具有重大意義。首先，放射性是探索物質與輻射重要的起步；第二，放射性間接帶動核子武器發展。

回到拉塞福

大約在一九一一年，拉塞福分析原子散射實驗的結果後，得出原子核的電荷大約是該原子量的一半的結論，即 Z≈A/2。牛津大學的物理學家查爾斯・巴克拉（Charles Barkla）從另一條完全不同路線——X 射線的散射實驗——也得到相同結論。

與此同時，對這個領域完全外行的荷蘭計量經濟學家安

東‧范登‧布魯克（Anton van den Broek）思索著如何修訂門得列夫的元素週期表。一九〇七年，他提出一張包含一百二十個元素的元素週期表，比中留有許多空格。很多空格被某些新發現的物質佔據，而那些物質是不是元素尚待解答，包括所謂釷射氣、鈾 X（某個未知的鈾衰變產物）、Gd_2（釓的衰變產物），以及其他許多新種類。

但是范登‧布魯克的研究真正的創新點在於，他提出所有元素都由他稱為 alphon 的粒子組成，該粒子是由具有兩個原子量單位的半個氦原子組成。一九一一年他發表了另一篇文章，這次不再提 alpha，但保留元素相差兩個單位的原子量的想法。他寫了一封二十行的信給《自然》雜誌，更進一步提出原子序的概念，寫道：「可能的元素數等於可能的永久電荷數。」

范登‧布魯克因此主張，既然一個原子，核電荷是原子量的一半，並且連續元素的原子量逐步加二增加，那麼核電荷決定了元素在週期表中的位置。換句話說，元素週期表上每個連續元素都應該比前一個元素多一個核電荷。

一九一三年，范登·布魯克又發表文章，這篇文章引起尼爾斯·波耳注意，他在自己關於氫原子和多電子原子的電子組態論文中引用了范登·布魯克。同年，范登·布魯克也在《自然》刊登一篇文章，這次明確地將每個原子的序號與每個原子所帶的電荷相連，並將這個原子序號與原子量分離開來。這篇指標性的文章受到許多專家讚揚，包括費德里克·索迪（Frederick Soddy）和拉塞福，他們兩人都不如業餘的范登·布魯克看得透澈。

莫斯利

雖然原子序的概念被一個外行人率先提出，令專家們措手不及，但范登·布魯克並未完整建立這項新的數值。真正完成這項任務的人，因此得到發現原子序這個美名的人，是英國物理學家亨利·莫斯利。他死於一次大戰，年僅二十六歲。他僅靠兩篇文章就出名。他透過實驗確認，原子序是比原子量更好的元素排列原則。這篇研究另一個重要性在於，它讓我們可以知道自然存在的元素中（位於氫到鈾之間），還有多少等待被發現。

莫斯利的學術養成在曼徹斯特大學，是拉塞福的學生。莫斯利的實驗包括將光照射在不同元素的表面，記錄每個元素發出的 X 射線頻率特徵。元素發射 X 射線是因為內層電子自原子中彈出，導致外層電子補進空位，這個過程就伴隨著 X 射線的發射。

莫斯利先選擇十四個元素，其中九個元素，從鈦到鋅，在元素週期表上形成一段連續的元素序列。他發現，將每個元素在週期表中位置所對應的整數的平方為橫軸，其所發出的 X 射線頻率為縱軸，繪製出來的圖形呈現一條直線。這證實了范登·布魯克的假說，即元素可以依據整數序列排列，這個整數序列後來稱為原子序，每個元素都有一個原子序，從氫＝ 1、氦＝ 2 開始，接連下去。

在第二篇文章中，他將這個關係擴展到另外三十個元素，進一步鞏固其地位。至此，驗證那些新發現的元素是否確鑿，對莫斯利來是相對簡單的事情。例如，日本化學家小川正孝宣布他分離出一個元素，可以填進週期表上錳下方的空位。莫斯利測量小川的樣本被電子轟炸時產生的 X 射線頻率，發現與元素 43 的預期值不符。

　　過去，化學家使用原子量排列元素，但他們不確定還有多少元素有待發現，因為週期表中連續元素的原子量值之間存在不規則的差距。當改用原子序來排列元素時，這個問題就消失了。現在，連續元素之間的差值相當規律，即一個單位的原子序。

　　莫斯利過世之後，其他化學家和物理學家運用他的方法，發現均勻分布的原子序中，存在著原子序數為 43、61、72、75、85、87 和 91 的未知元素。直到一九四五年，元素 61 的鉕被合成出來後，最後這幾個空格得以被填滿。

同位素

　　在原子物理學剛剛興起的時候，發現某元素的同位素對於理解元素週期表也是重要的一步。同位素（isotopes）的名字來自 iso（同）與 topos（位），顧名思義，用來描述某一元素的原子種類，它們的原子量不同，但在週期表上佔同一位置。這個發現或多或少也是必然的事。原子物理學的新發展導致一些新元素的發現，例如鐳、釙、氡、錒，它們

在週期表上的正確位置也很容易判斷出來。此外，研究者短時間內還發現約三十種明顯是新元素的元素種類，它們暫時被稱為釷射氣、鐳射氣、錒 X、鈾 X、釷 X 等，表示大概是來自這些元素。X 代表未知的種類，後來知道它們大多是不同元素的同位素。例如，鈾 X 後來確認是釷的同位素。

　　一些週期表的設計者，像是范登・布魯克，試圖將這些新「元素」納入我們先前看過的擴展的元素週期表中。同時，來自瑞典的丹尼爾・斯特姆霍姆（Daniel Strömholm）與西奧多・斯維德伯格（Theodor Svedberg）製作的週期表，則強行將其中一些奇異的新元素放進同一位置。例如，他們在惰性氣體氬的下面，放了鐳射氣、錒射氣、釷射氣。這似乎預示了同位素的存在，但尚未清楚認出這個現象。

　　一九〇七年，門得列夫去世那年，美國放射化學家賀伯特・麥考伊（Herbert McCoy）得出結論：「放射釷在化學過程中和釷完全不可分離」。這是一項重大觀察，而且立刻在許多其他成對而且被以為是新元素的物質中發現到。完全理解這項觀察的人是費德里克・索迪，他也是拉塞福的學生。

　　對索迪而言，「化學上不可分離」只代表一件事情，那就是這些都是相同元素的兩個或多個形式。一九一三年，他創造「同位素」一詞，表示同一元素的兩個或多個原子，化學上完全不可分離，但有不同的原子量。弗里德里希・帕內特（Friedrich Paneth）和喬治・范・海韋西（Georg von Hevesy）也在鉛和「放射鉛」中觀察到「化學上不可分離」。起因是拉塞福要他們化學分離兩者，他們試了二十個化學方法後，不得不承認失敗，但這一次的失敗進一步鞏固了這一認識：一個元素，在這裡是鉛，會以化學上不可分離的同位素呈現。此外，帕內特與范・海韋西並非白費功夫，他們的努力為分子放射性標記發展出新技術，後來成為非常有用的分支學科基礎，並在生物化學和醫學等研究領域廣泛應用。

　　一九一四年，T・W・理查茲（T. W. Richards）在哈佛大學的研究進一步支持了同位素的理論。理查茲著手測量同一元素兩個同位素的原子量，他也選擇鉛，因為這個元素是多種放射性衰變系列的產物。毫無意外，兩個途徑形成的鉛原子，涉及相當不同的中間元素，最終得到的鉛原子的原子

量差距有 0.75 個單位之多。這個結果後來又擴大到 0.85 個單位。

最後，同位素的發現進一步釐清了元素兩兩對調的情況，例如困擾門得列夫的碲與碘。雖然元素週期表上，碲排在碘前面，但碲的原子量高於碘，因為所有碲的同位素的平均原子量剛好比碘的同位素的平均原子量高。原子量因此被視為偶然的數量，端看一個元素所有同位素的相對豐度。從元素週期表的觀點來看，更基本的量是范登・布魯克與莫斯利的原子序，或如同後來發現的，原子核中的質子數量。一個元素的身分來自原子序而非原子量，因為原子量會因分離元素的樣本不同而產生變化。

雖然碲的平均原子量較碘更大，但原子序小一單位。如果用原子序代替原子量作為元素的排序原則，碲和碘都可以放入符合其化學表現的族裡。因此，我們知道，某些元素需要兩兩對調順序，只是因為在二十世紀之前所有的元素週期表都用了錯的原則排序。

第七章

電子結構

　　第六章多半在談古典物理學的發現，這些發現不需要量子理論。對 X 射線和放射性也是如此，這兩者的研究大體上不涉及量子概念，儘管之後的研究者會用量子理論澄清某些層面的事實。此外，第六章所描述的物理學大部分是關於原子核的過程。放射性基本上是關於原子核的分裂，而元素的蛻變同樣也發生在原子核的層次。而且，原子序是原子核的性質，而同位素是由同一元素不同的原子量區分，幾乎就是原子核的質量。

　　在這一章，我們將探討原子中電子的相關發現，這項研究就需要使用量子理論。但是，我們先來看看量子理論本身的起源。量子理論始於十九世紀末至二十世紀初的德國，一群物理學家想要瞭解輻射在周圍全黑的小型空腔中會如何表現。他們仔細記錄這種「黑體輻射」在不同溫度下所表現的光譜，接著嘗試將結果的數據圖建立模型，但是沒有成功。這個問題一直未能解決，直到一九〇〇年馬克斯·普朗克（Max Planck）大膽假設這個輻射的能量由不連續的封包構成，或稱「量子」。普朗克本人似乎不太重視他自己提出的全新量子理論，反而是由其他人發現新的應用。

　　量子理論主張能量是一束一束、不連續的形式。這個理論在一九〇五年，將理論成功應用在光電效應的不是別人，正是愛因斯坦，他或許是二十世紀最傑出的物理學家。他的研究結果顯示，光可以視為量子化的粒子。然而，愛因斯坦很快就認為量子力學是不完整的理論，而且終其一生都在批評量子力學。

　　一九一三年，尼爾斯・波耳將量子理論應用在氫原子。他和拉塞福一樣，認為氫原子是由一個中心原子核和環繞的電子所組成。波耳假設電子可得的能量只發生在某些不連續的值，用圖像的方式來說就是，電子可以處於任何圍繞原子核的殼層或軌道。這個模型在某個程度上可以解釋氫原子的兩個表現，而且事實上是任何元素的原子表現。第一，它解釋了為什麼氫原子暴露在一陣電能中時，會產生不連續的光譜，而且從中只能觀察到某些特定的頻率。波耳推論，這樣的行為會在電子從一個可行的能階轉移到另一個能階時出現。而能階轉移伴隨著釋放或吸收該原子中兩個能階相差的精確能量。

　　第二，古典力學認為帶電的粒子進行圓周運動後會失去

能量並撞入原子核，但這個模型勉強解釋了為何電子不會。波耳的回應是，假如那些電子維持在它們固定的軌道上，就不會失去能量。他也假設存在最低能階的能量，一旦超過，電子就不能進行任何向下的躍遷。

波耳接著將他的模型擴大到任何多電子原子，而不僅僅是氫。首先，他假設原子序為 Z 的中性原子會有 Z 個電子。接著他著手建立那些電子在任何特定原子中的排列方式。雖然從一個電子跳到多個電子在理論上是否有效存在著疑問，但這並未阻止波耳繼續發展他的理論。他得到的電子組態如圖 23。

但是，波耳將電子分配到殼層並不是基於數學原理，也看不出明顯藉助量子理論的地方。波耳反而訴諸化學證據，例如元素硼的原子可以形成三個鍵，就像硼族其他元素一樣。因此，硼原子必須有三個外層電子，這件事情才有可能。但是即使憑著這麼基本且非演繹的理論，波耳也成功從電子層面解釋，為何某些元素，像是鋰、鈉、鉀，在元素週期表上是同一族，而其他元素在各自的族。在鋰、鈉、鉀的例子中，這是因為這些原子的最外層都只有一個電子。

1	H	1				
2	He	2				
3	Li	2	1			
4	Be	2	2			
5	B	2	3			
6	C	2	4			
7	N	4	3			
8	O	4	2	2		
9	F	4	4	1		
10	Ne	8	2			
11	Na	8	2	1		
12	Mg	8	2	2		
13	Al	8	2	3		
14	Si	8	2	4		
15	P	8	4	3		
16	S	8	4	2	2	
17	Cl	8	4	4	1	
18	Ar	8	8	2		
19	K	8	8	2	1	
20	Ca	8	8	2	2	
21	Sc	8	8	2	3	
22	Ti	8	8	2	4	
23	V	8	8	4	3	
24	Cr	8	8	2	2	2

圖 23　1913 年波耳最初的原子電子組態表。（經同意後複製。資料來源：Bohr, N., On the constitution of atoms and molecules. *Philosophical Magazine*, 26, 476–502. Rights managed by Taylor & Francis.）

H	1				
He	2				
Li	2	1			
Be	2	2			
B	2	3			
C	2	4			
N	2	4	1		
O	2	4	2		
F	2	4	3		
Ne	2	4	4		
Na	2	4	4	1	
Mg	2	4	4	2	
Al	2	4	4	2	1
Si	2	4	4	4	
P	2	4	4	4	1
S	2	4	4	4	2
Cl	2	4	4	4	3
Ar	2	4	4	4	4

圖 24 1923 年波耳的電子組態表，以兩個量子數為基礎。（經同意後複製。資料來源：Bohr, N., Linienspektren und atombau. *Annalen der Physik*, 71, 228–88. Copyright © 2006, John Wiley and Sons.）

　　波耳的理論有其他限制，其中之一是它只能應用在只有一個電子的原子，像是氫，或是 He^+、Li^{2+}、Be^{3+} 等離子。研究者還發現，這些「類氫」光譜上的某些線條，會出乎意外的分裂為成對的線。德國物理學家阿諾・索末菲（Arnold Sommerfeld）提出，原子核可能位在橢圓的中心，而非圓形的中心。他的計算顯示，波耳的電子主要殼層必須加入次殼層。在波耳的模型中，每個不同的殼層或軌道都由一個量子數表示，但是索末菲修正的模型需要兩個量子數來指明電子的橢圓路徑。有了這些新的量子數，波耳在一九二三年整理出更精細的電子組態，如圖 24。

　　幾年後，英國物理學家埃德蒙・斯通納（Edmund Stoner）發現，還需要第三個量子數來指出氫與其他原子光譜中的一些細節。然後在一九二四年，奧地利理論物理學家沃夫岡・包立（Wolfgang Pauli）提出第四個量子數，這個概念就是電子會採用某種特殊角動量的兩個值之一。這種新的運動最後稱為電子「自旋」，雖然電子不會真的像地球自轉並繞著太陽公轉那樣旋轉。

　　這四個量子數彼此之間是一組套疊的關係。第三個量

子數的值，範圍取決第二個量子數，而第二個量子數取決於第一個量子數。包立的第四個量子數有點不同，它可以採 +1/2 或 −1/2，無論其他三個量子數為何。第四個量子數的重要性在於，有了它就可以解釋為什麼從最靠近原子核那層開始，每個殼層可以包含特定數量的電子（2、8、18、32 等）。

這個結構是這樣運作的。第一個量子數 n 可以取任何從 1 開始的整數。第二個量子數用 ℓ 表示，可以是下列任何與 n 相關的值：

$$\ell = n - 1, \cdots\cdots 0$$

例如，在 $n=3$ 的情況下，ℓ 可以取 2、1 或 0。第三個量子數標記為 m_ℓ，可以取和第二個量子數相關的值：

$$m = -\ell - (\ell - 1), \cdots 0 \cdots (\ell - 1), \ell$$

例如，若 $\ell=2, m_\ell$，可能的值是：

−2、−1、0、+1、+2

　　最後，第四個量子數標記為 m_s，只能取 +1/2 或 −1/2。所以四個量子數的值存在一個相關的階層，用來描述原子中任何特定的電子（圖 25）。

n	ℓ 可能值	次殼層名稱	m_ℓ 可能值	次殼層軌域數	每個殼層電子數
1	0	1s	0	1	2
2	0	2s	0	1	
	1	2p	1, 0, -1	3	8
3	0	3s	0	1	
	1	3p	1, 0, -1	3	
	2	3d	2, 1, 0, -1, -2	5	18
4	0	4s	0	1	
	1	4p	1, 0, -1	3	
	2	4d	2, 1, 0, -1, -2	5	
	3	4f	3, 2, 1, 0, -1, -2, -3	7	32

圖 25　四個量子數組合，解釋每個殼層的總電子數。

　　按照這個結構，為何第三層（舉例來說）總共可以容納十八個電子就很清楚了。如果第一個量子數由殼層數給定為 3，則第三層將有總共 $2 \times (3)^2$ 個，即十八個電子。第二個量子數 ℓ 的值可以取 2、1、0。每個 ℓ 值，都會產出多個可

能的 m_ℓ 值,而且這些值中的每一個都會乘以因數 2,因為第四個量子數可以取 1/2 或 −1/2。

但是第三層可以容納十八個電子這個事實,並無法完全解釋為什麼週期系統中的某些週期有十八個位置。若想精確解釋,電子殼層就必須以嚴格的順序填充電子。雖然電子殼層一開始是按順序填充的,但從元素 19(鉀)開始就不再如此。配置從 1s 軌域開始,它可以容納兩個電子,然後移動到 2s 軌域,同樣填滿另外兩個電子。接著到 2p 軌域,它總共容納了另外六個電子,以此類推。這個可以預期的過程持續到元素 18,也就是氬,其組態為:

$1s^2$、$2s^2$、$2p^6$、$3s^2$、$3p^6$

於是人們可能預期下一個元素,第 19 號鉀的組態會是:

$1s^2$、$2s^2$、$2p^6$、$3s^2$、$3p^6$、$3d^1$

其中最後一個電子佔據了下一個標記為 3d 的次殼層。人們會這麼預期,是因為這個模型到目前為止,一直是將區

分電子加到距離原子核越來越遠的下一個可行軌域。但是，實驗證據顯示鉀的組態應該是：

$1s^2 \cdot 2s^2 \cdot 2p^6 \cdot 3s^2 \cdot 3p^6 \cdot 4s^1$

元素 20 鈣也是類似的情況，新的電子也進入 4s 軌域。但下一個元素，第 21 號鈧的組態通常被認為是：

$1s^2 \cdot 2s^2 \cdot 2p^6 \cdot 3s^2 \cdot 3p^6 \cdot 4s^2 \cdot 3d^1$

電子填充連續的原子時，這種在可用軌域之間前後跳躍的情況會出現許多次。沿著元素週期表移動，區分電子的總結如圖 26。

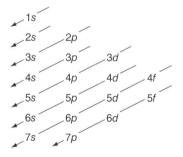

圖 26　軌域填充大致的順序。

依照這樣的順序填充，週期表上連續週期的元素數量是：2、8、8、18、18、32 等。因此，除了第一個週期，每個週期都「重複一次」。

雖然四個量子數的組合規提供了殼層結束的點的嚴格解釋，卻無法同樣嚴格解釋週期何時結束。儘管如此，我們可以提出某些合理的解釋來說明這種填充順序，但這些解釋又往往有些依賴於要解釋的事實。我們之所以知道週期在哪裡結束，是因為我們知道惰性氣體位於元素 2、10、18、36、54 等位置。同樣地，我們對軌域填充的順序的了解是基於觀察而非理論。教科書在解釋元素週期表時很少會提及這個事實：量子物理學並未完全解釋元素週期表。目前尚未有人能從量子力學的原理推導出軌域的填充順序。當然，這不代表未來不可能實現。

化學家與組態

一八九七年湯姆森發現了電子，開啟物理學各式各樣全新的解釋與全新的實驗路線。湯姆森也是討論電子在原子中

排列方式的先驅之一，儘管他的理論不太成功，因為當時還不清楚每個原子中存在多少電子。正如我們所看到的，這方面第一個重要的理論是由波耳提出，他也將能量量子化的概念引進原子的領域以及電子排列的分配中。波耳成功發表許多已知原子的電子組態，但這是在參考眾人多年來對於化學與光譜表現的研究之後所取得的成果。

不過，這段時間化學家們在做什麼呢？相較波耳和其他量子物理學家，他們又是如何利用電子？想要知道答案，我們需要回到一九○二年，電子被發現的五年後。美國化學家G‧M‧路易斯（G. N. Lewis）當時在菲律賓工作，他手繪了一張圖（圖 27），原稿保存至今。在這張圖中，他假設電子位於立方體的角，隨著我們在元素週期表上移動，每經過一個元素，就會增加一個新電子在角上。從現代的觀點來看，選擇立方體可能有點奇怪，因為我們現在知道電子是繞著原子核移動。但是路易斯的模型在某個有關元素週期表的重要面向上，卻非常有道理。性質開始重複之前，必須先經過的元素數量是八。

路易斯因此提出，化學週期性和個別元素性質取決於圍

繞原子核最外層的電子立方體有幾個電子數。雖然這個模型是不正確的，因為它將電子視為靜止的，但是立方體是個自然且巧妙的選擇，它反映了化學週期性是基於八個元素的間隔這一事實。

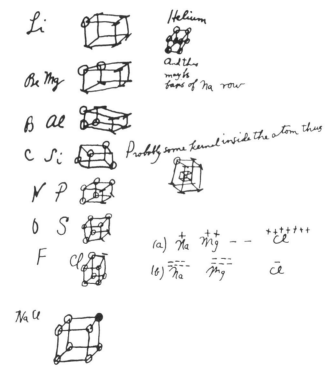

圖 27　路易斯畫的原子立方體。

在同一張著名的草圖上，路易斯也畫出了鈉和氯原子如何形成化合物：一個電子從鈉原子轉移到氯原子，佔據氯原子外層立方體沒有電子的第八個角。路易斯等了十四年才發表這些想法，並將他們擴展到包含另一種鍵結形式，即共價鍵結，其中不同原子之間不是轉移電子，而是共享電子。

路易斯考量了許多已知的化合物，並計算它們的原子的外層電子數，得出多數情況下電子數是偶數的結論。這個事實讓他想到化學鍵結也許是因為電子成對結合，這個想法很快成為化學的中心，直至今日，即使後續出現化學鍵結的量子力學理論，這個想法基本上仍然是正確的。

為了呈現兩個原子共享電子，路易斯畫了兩個相連的立方體，它們共用一個邊，即共用兩個電子。同樣地，雙鍵的表示方法，就是兩個立方體共用一個面，即共用四個電子（圖 28）。但這樣有個問題。在有機化學中，人們已知某些化合物，例如乙炔 C_2H_2，包含三鍵。路易斯發現他以立方體的角建立的電子模型不能呈現三鍵。在同一篇文章中，他換了一個新的模型，不用立方體，改用四面體，讓四對電子位在四面體的角落。於是兩個四面體共享一個面，就會得

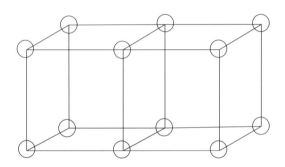

圖 28　路易斯描述兩個原子之間的雙鍵。（經作者同意。資料來源：Stranges, A., *Electrons and Valence*, Texas A&M University Press, College Station, TX, 1982, p. 213.）

到一個三鍵。

　　路易斯在同一篇文章中還回到原子的電子組態這個問題，並將他的系統擴展到二十九個元素，如圖 29。在討論其他貢獻者之前，值得暫停思考一下，為什麼路易斯可能是二十世紀最重要的化學家之一，卻沒有獲得諾貝爾獎。部分原因可能是，他還來不及被提名，就因氰化氫中毒死在自己的實驗室，而諾貝爾獎不會在死後追授。另一個很重要的原因是，路易斯在學術生涯中樹敵過多，也不討同事喜歡，否則可能早就被提名。

　　美國工業化學家歐文・朗繆爾（Irving Langmuir）延伸

1	2	3	4	5	6	7
H						
Li	Be	B	C	N	O	F
Na	Mg	Al	Si	P	S	Cl
K	Ca	Sc		As	Se	Br
Rb	Sr			Sb	Te	I
CS	Ba			Bi		

圖 29　路易斯的二十九個元素外層電子結構。表頭的數字代表原子核的正電荷，以及每個原子外層電子的數量。（作者彙整）

並推廣路易斯的理論。路易斯只為二十九個元素分配了電子組態，而朗繆爾則完成了整個工作。雖然路易斯沒有為 d 區的金屬元素的原子分配組態，但朗繆爾在一九一九年的一篇文章中提出以下列表：

Sc	Ti	V	Cr	Mn	Fe	Co	Ni	Cu	Zn
3	4	5	6	7	8	9	10	11	12

　　如同路易斯之前所做的一樣，朗繆爾利用元素的化學性質引導自己進行這些分配，而不是運用量子理論（圖

TABLE I.

Classification of the Elements According to the Arrangement of Their Electrons.

Layer.	N E = o	1	2	3	4	5	6	7	8	9	10
I		H	He								
IIa	2	He	Li	Be	B	C	N	O	F	Ne	
IIb	10	Ne	Na	Mg	Al	Si	P	S	Cl	A	
IIIa	18	A	K	Ca	Sc	Ti	V	Cr	Mn	Fe	Co	Ni
			11	12	13	14	15	16	17	18		
IIIa	28	Niβ	Cu	Zn	Ga	Ge	As	Se	Br	Kr		
IIIb	36	Kr	Rb	Sr	Y	Zr	Cb	Mo	43	Ru	Rh	Pd
			11	12	13	14	15	16	17	18		
IIIb	46	Pdβ	Ag	Cd	In	Sn	Sb	Te	I	Xe		
IVa	54	Xe	Cs	Ba	La	Ce	Pr	Nd	61	Sa	Eu	Gd
			11	12	13	14	15	16	17	18		
IVa			Tb	Ho	Dy	Er	Tm	Tm₂	Yb	Lu		
		14	15	16	17	18	19	20	21	22	23	24
IVa	68	Erβ	Tmβ	Tm₂β	Ybβ	Luβ	Ta	W	75	Os	Ir	Pt
			25	26	27	28	29	30	31	32		
IVa	78	Ptβ	Au	Hg	Tl	Pb	Bi	RaF	85	Nt		
IVb	86	Nt	87	Ra	Ac	Th	Ux₂	U				

圖 30 朗繆爾的元素週期表。（經同意後複製。資料來源：Langmuir, W., Arrangement of electrons in atoms and molecules. *Journal of the American Chemical Society*, 41, 868–934. Copyright © 1919, American Chemical Society. DOI: 10.1021/ja02227a002.）

30）。毫無意外地，這些化學家也能改進電子組態，就像波耳這些物理學家所做的一樣。

　　一九二一年，英國化學家查爾斯‧伯里（Charles Bury）對路易斯和朗繆爾的理念提出質疑，這個理念假設在

元素週期表上移動、每遇到一個元素就添加一個電子時，電子殼層會依序被填充。伯里主張他修正過後的電子組態更符合已知的化學事實。

　　總而言之，物理學家為理解元素週期表的基礎提供重要的推動力，但是當時的化學家往往能夠應用新的物理概念，例如電子組態，來得到更好的效果。

第八章

量子力學

　　第七章談的是早期，尤其是波耳（圖 31）的量子理論對解釋元素週期表的影響。這個解釋因包立的貢獻達到高峰，他引進第四個量子數以及現在以他名字命名的包立不相容原理，於是就能解釋為何圍繞原子的殼層能夠包含特定數量的電子（第一層 2 個；第二層 8 個；第三層 18 個等等）。如果假設這些殼層內的軌域填充順序正確，就能解釋週期長度為何實際上是 2、8、8、18、18 等。但是，任何對週期表有價值的解釋，都應該能夠從第一原理中推導出這個序列的值，而不須假設觀察到的軌域填充順序。

　　因此，即便加上包立的貢獻，波耳的量子理論仍只是邁向進階理論的踏腳石。波耳－包立的版本通常稱為量子理論，有時也稱為舊量子論，以區別於一九二五年與一九二六年發展的量子力學。用「理論」一詞稱呼舊的版本有些不恰當，因為這加深了人們對「理論」的誤解，認為理論就是有些模糊的、尚未成為科學定律或穩固知識的半成品。

　　但在科學上，理論是儘管從未證明，卻受到高度支持的知識體，說不定地位還比科學定律高。許多不同的定律往往被一個總體的「理論」之中。因此，後繼的理論量子力學，

圖 31　尼爾斯・波耳。（資料來源：AIP Emilio Segrè Visual Archives, Weber Collection.）

與波耳的舊量子論一樣是「理論」，即便它是更通用也更成功的理論。

　　波耳的舊量子論有一些不足，包括無法解釋化學鍵結，但量子力學的出現改變了這一切。過去 G・N・路易

斯認為鍵結只是因為分子中一個或多個原子共享電子，但量子力學超越了這樣的想法。根據量子力學，電子的表現既是波也是粒子。奧地利物理學家埃爾溫‧薛丁格（Erwin Schrödinger）為電子圍繞原子核的運動寫下一條波動方程式，取得了重大進展。薛丁格的方程式解，代表電子在原子中可能出現的量子狀態。沒多久，兩位物理學家費德里克‧洪德（Friedrich Hund）與羅伯特‧馬利肯（Robert Mulliken）各自發展出分子軌域理論，他們發現，分子中每個原子的電子波建設與破壞的干涉之間，就會出現鍵結。

但是我們需要回到原子和元素週期表。根據波耳的理論，能階可以被計算的原子，是那些只帶一個電子的原子，包括氫原子和一個電的離子，像是 He^{+1}、Li^{+2}、Be^{+3} 等。若遇到多電子的原子，「多」代表多於一，波耳的理論就無用了。相反的，利用新的量子力學，理論家就可以處理多電子原子，儘管是近似的方式而非完全精確。這是因為一個數學上的限制。任何一個電子多於一的系統都存在所謂的「多體問題」，而這樣的問題只能得到近似解。

所以，任何多電子原子的量子態能量都可以從第一原理

近似計算，儘管與觀察到的能量值呈現高度一致。然而，某些週期表的整體特徵至今仍未從第一原理中導出。例如，之前提到的軌域填充順序。

任何原子中構成殼層和次殼層的原子軌域，會以漸增的順序，填入代表任何軌域的前兩個量子數加總的值。這個事實可以總結為 $n + \ell$ 規則，或馬德隆規則，以艾爾文·馬德隆（Erwin Madelung）命名。原子軌域填充的方式是 $n + \ell$ 的值逐漸增加，從 1s 軌域的值 1 開始。

從 1s 軌域開始的斜箭頭出發，然後移動到下一條的斜線，就會得到軌域填入的順序，如下（圖 26，第 135 頁）：

1s < 2s < 2p < 3s < 3p < 4s < 3d < 4p < 5s 等

雖然量子力學各方面的成功令人嘆為觀止，卻依然無法以純理論的方式導出 $n + \ell$ 值的序列。這並不是要貶低新理論的成功，只是指出還有需要闡明的地方。也許量子物理學未來可以成功導出馬德隆規則，又或者需要更強大的未來理論才能做到。我並非暗示對量子物理學而言，化學現象有某種固有的、「詭異」的不可化約性，而是專注於目前為止在

元素週期表的背景下實際取得的成就。

我們現在來看量子力學對於化學週期性解釋了什麼。誠如之前所提，只要寫下薛丁格方程式，就可以解出元素週期表上任何原子系統，不需任何實驗輸入。例如，物理學家和理論化學家已經成功算出元素週期表上所有原子的游離能。將這些計算結果和實驗的值相比時，會發現顯著的一致性（圖 32）。

游離能正好是原子的許多性質中，可以呈現明顯的週期性一個。當我們從氫（Z=1）開始增加原子序，游離能也隨著增加，直到下一個元素氦。接著，到了鋰（Z=3）的時候，游離能急遽下降。接下來，游離能的值大致上會增加，直到遇到與氦化學性質類似的元素，就是同為惰性氣體的氖。這種游離能整體而言增加的型態，在週期表的各個週期重複發生，而且每個週期的最小值都在第一族元素，像是鋰、鈉、鉀，而最大值在惰性氣體，像是氦、氖、氬、氪、氙。圖 32 顯示將理論計算值相連後所得到的曲線。

總而言之，即使量子力學目前尚未推導出軌域填充順序

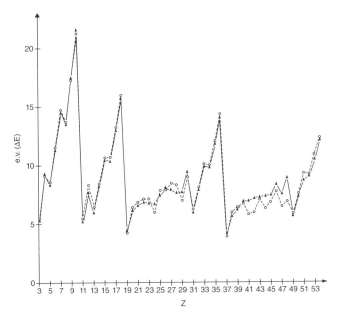

圖 32　元素 1 至 53，理論計算的游離能（三角形）和觀察得到的游離能（圓形）。（資料來源：Clementi, E. (1980) Introduction. In *Computational Aspects for Large Chemical Systems*. Lecture Notes in Chemistry, vol. 19. Springer, Berlin, Heidelberg. Copyright © 1980, Springer-Verlag Berlin Heidelberg.）

的方程式（$n + \ell$ 規則），但仍然解釋了所有元素的原子帶有的週期性。雖然，這建立在每次單獨求解一個原子的基礎上，而沒有一個全體適用、一勞永逸的解法。相較波耳的舊量子論，量子力學是如何辦到這點的？

為了回答這個問題，我們需要更深入探討兩個理論，看看它們之間的差異。最好的起點也許是波的性質。物理學的許多現象都以波的形式呈現。光以光波傳導，聲音以聲波傳導。當石頭掉進水池時，會從石頭進入水面的位置產生陣陣漣漪或水波。這三種波，或說任何種類的波，都有兩個有趣的現象。首先，波有繞射現象，波通過孔洞或繞過障礙物時會散開。

此外，兩道或更多的波同時到達屏幕時，叫做「同相」，會產生一種稱為建設性干涉的效應，導致整體強度增加，大於兩道分別的波。相反的，兩道波以不同相位抵達屏幕，就會帶來破壞性干涉，抵銷波的強度。一九二〇年代初期，人們懷疑像電子那樣的粒子，在某些情況下也許會表現得像波，但在此我們不深入討論。簡單來說，愛因斯坦的光電研究確立光波也表現出粒子性，即是這個邏輯的反轉。

為了驗證電子這類粒子是否真有波的行為，就有必要知道電子會不會和其他所有的波一樣，產生繞射和干涉效應。相關實驗成功了，也從此確立電子的波動性。此外，一束電子射向金屬鎳單晶體時會產生一連串的同心圓，代表電子波

繞過晶體形成饒射圖案,而非直接從晶體表面反彈回來。

從那時起,電子以及其他基本粒子被認為既表現為粒子又表現為波。關於電子的波動性這個消息迅速傳遍理論物理界,薛丁格也知道了。為了描述氫原子中電子的行為,薛丁格利用常用的數學技巧,著手建造波的模型。他假設電子的行為像波,接著假設電子的勢能包括它被原子核吸引的能量。薛丁格運用邊界條件解出了他的方程式,這也是數學物理學家解開這種微分方程式時一貫的方法。

想想一條吉他弦,分別綁在上弦枕和琴橋兩端。現在彈一個空弦。如圖 33 所示,弦會上下振動,形狀呈現半個完整的波。但是弦還有其他的振動方式嗎?有。弦的振動也可以是兩個半波長(即一個完整波長)。只要在琴衍板的一半(第十二個琴衍),將手指輕輕放在弦上,接著,另一隻手在響孔撥動琴弦後,隨即放開手指,就可以做到。如果彈奏正確,會發出鐘聲般悅耳的聲音,音樂家稱之為泛音。琴弦可以振動的其他模式包括三、四、五個半波長等。弦只能振動半波長的整數倍數。例如,不可能有二又二分之一或三又三分之一的半波長。

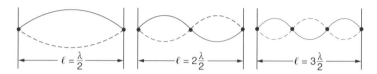

圖 33　邊界條件與量子化的發生。（經出版商同意後引用。資料來源：R. Chang, *Physical Chemistry for the Chemical Biological Sciences*, University Science Books, Sausalito, CA, 2000, p. 576.）

　　用數學與物理的術語來描述，剛才的情況就是設定邊界條件（吉他弦的例子是固定的兩端），得到一組用整數表示的運動。這相當於量子化，也就是限制在某個值的整數倍數。當薛丁格將這樣的數學邊界條件應用在他的方程式時，他計算出的電子能量是量子化的。薛丁格的做法有個顯著的進步，他成功導出量子化的能量，而非人為引進。這樣的處理方式更有深度，因為量子化是理論自然的面向。

　　還有一個重要因素區分了新的量子力學和波耳的舊量子論。發現這個因素的是德國物理學家維爾納‧海森堡（Werner Heisenberg），他發現粒子位置的不確定性乘以動量的不確定性這個非常簡單的關係：

$$\triangle x. \triangle p \geq h/4\pi$$

　　這個方程式意味著我們必須拋棄一個常識：像電子那樣的粒子具有明確的位置和動量。海森堡的關係認為，我們越確定電子的位置，就越無法確定其動量，反之亦然。粒子的運動像是帶有一種模糊又不確定的本質。波耳的模型中，電子繞行原子核，形成明確的行星式軌道，但是量子力學中的新觀點是，我們可能不能再談論電子明確的軌道。相反的，這個理論退而求其次，用機率（不確定性）而非確定性來談論。當這個觀點與電子是波的概念結合時，呈現的圖像和波耳的模型截然不同。

　　量子力學認為電子散佈在整個球狀的殼層中。彷彿我們熟悉的粒子變成某種氣體，充滿整個球的內部，大致對應波耳二維軌道的三維版本。此外，由於海森堡不確定性，量子力學的電荷球沒有明確的邊界。第一層，或稱 1s 軌域，事實上是一個空間，有 90％的機率找到我們一般認為的定域電子。而且這只是薛丁格波動方程式眾多解的第一個。隨著我們遠離原子核，更大的軌域上開始出現球狀殼層以外的形狀（圖34）。

　　現在考慮有關量子理論、量子力學、元素週期表更廣泛

的圖景。如我們在第七章所見，波耳最初將量子化的概念引進原子結構時，他用的是氫原子。但在同一系列文章中，他假設能量量子化也會出現在多電子原子中，以此解釋週期表的形式；除了波耳的第一量子數之外，又引進三個量子數，也是為了更好地解釋元素週期表。而且，甚至在波耳進入量子化概念之前，頂尖的原子物理學家 J · J · 湯姆森就開始思考，組成元素週期表的各個原子中電子的排列方式。

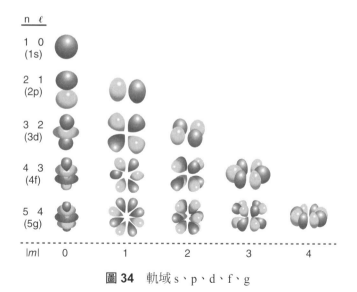

圖 34 軌域 s、p、d、f、g

因此，元素週期表一直是原子物理學理論、早期量子理論，以及後來的量的實驗場。今天，人們認為量子力學可以完全解釋化學，尤其是元素週期表。即使情況並非完全如此，但該理論持續發揮的解釋功能是不可否認的。此外，元素週期表也促進現代量子力學許多面向的發展。

關於 4s–3d 難題

多年來，人們認為 4s 和 3d 等幾組原子軌域存在悖論。如我們稍早所見，鉀原子和鈣原子中的電子優先佔據 4s 軌域。一般認為接下來的原子，從元素 21 鈧開始，也會是如此。這個錯誤的觀念引發下面這個教科書無法提供滿意解答的悖論。如果鈧的填入順序確實如同 134 頁所描述的：

$$1s^2 、 2s^2 、 2p^6 、 3s^2 、 3p^6 、 4s^2 、 3d^1$$

就會出現一個問題：為何這個原子的游離化需要從 4s 軌域移開一個電子，而非從 3d ？這個問題最近被解決了。

事實上，鈧的正確軌域填充順序是：

$$1s^2 \cdot 2s^2 \cdot 2p^6 \cdot 3s^2 \cdot 3p^6 \cdot 3d^1 \cdot 4s^2$$

因此，4s 的電子優先游離化不再產生任何問題。我稱前一種錯誤的想法為「馬虎的遞建」（sloppy Aufbau），即認為鈧與其後過渡金屬的原子組態，僅是增加一個電子到前一個鈣原子的組態，而鈣原子中 4s 軌域確實優先被填入。現在已經知道事實並非如此，這個難題也就不復存在。

異常組態與近期第二個發現

另一個和電子組態與元素週期表相關的神祕問題最近也獲得解決。循著元素週期表，會看到有多達二十個過渡金屬原子表現不規律或異常。第一個過渡金屬系列中，鉻原子和銅原子最外側的 s 軌域只有一個電子，而這一系列其他八個元素則有兩個這樣的電子。在第二系列中，十個元素中多達六個顯示相似的異常。

化學理論家歐根・施瓦茨（Eugen Schwarz）對於這些事實提出了令人滿意的解答。他證明，如果對適當的光譜能階做合適的加權平均，常討論到的異常現象可以被視為反映

這些原子的 s^1 與 s^2 組態的相對穩定性。從這個角度看，異常組態其實並不存在，而只是多種組態競爭成為能量最低的組態。

第九章

現代煉金術：
從空缺的元素到
合成的元素

　　週期表包含大約九十個自然存在的元素，最後一個是元素 92 鈾。我說大約九十個，是因為有一兩個元素，像是鎝，一開始是人工合成的，後來人們才發現其在地球上自然存在。

　　化學家和物理學家已成功合成氫（1）和鈾（92）之間缺少的元素。此外，他們還成功合成了約二十五個在鈾之後的新元素，但其中一兩個（像是錼和鈽）後來被發現極少量地存在於自然界中。

　　直到元素 118 的所有元素都已經合成出來了。最新加入的元素包括 113、115、117 與 118，官方名稱分別是鉨、鏌、鿬、鿫。

　　許多元素在合成時，都是先從一個特定的原子核開始，然後用小粒子轟擊它，以增加原子序，藉此改變那個原子核的身分。更近期的合成方法已經改為將原子量相當的原子核相互碰撞，但目的仍是形成更大、原子序也更大的原子核。

　　說到元素合成，有個基本的認知：所有的元素合成都源自一九一九年拉塞福和索迪在曼徹斯特大學一個重要的實

驗。拉塞福和同事所做的是用 α 粒子（氦原子核）**轟擊**氮原子核，結果氮原子核轉變為另一個元素的核。這個反應還產生一個氧的同位素，不過他們一開始沒有發現。拉塞福成功將一個元素蛻變為另一個不同元素。古代煉金術士的夢想成真，而且這個過程持續產出新的元素，直到今日。

不過，拉塞福的反應並沒有產生新元素，只是產生一種現有元素的非常規同位素。拉塞福利用的 α 粒子，是其他不穩定的原子核，例如鈾，經過放射性衰變後所產生。很快就有人想到，類似的蛻變可以用在氮以外的標靶原子，但只能擴展到原子序 20 的鈣。如果要蛻變更重的原子核，發射體的能量必須比自然產出的 α 粒子更多，因為帶高電荷的標靶原子核會排斥朝向它的發射體，這點必須克服。

一九三〇年代，隨著加州大學柏克萊分校的恩內斯特‧勞倫斯（Ernest Lawrence）發明迴旋加速器，情況有了改變。這個機器能讓 α 粒子加速，比自然產生的 α 粒子的速度快上千百倍。此外，一九三二年發現另一個粒子發射體——中子，因為帶中性電荷，所以具有附加優勢，意思就是，可以穿越標靶原子，而不受原子核中帶電的質子排斥。

空缺的元素

一九三〇年代中期，當時的元素週期表還有四個空格待填，分別是原子序 43、61、85、87 的元素。有趣的是，其中三個元素在許多年前已被門得列夫明確地預測了，他稱它們為類錳（43）、類碘（85）、類銫（87）。這四個空缺的元素有三個在二十世紀因成功合成而首次被發現。

一九三七年，科學家在柏克萊分校利用迴旋加速器做實驗，用氘為發射體（氫的同位素，質量是較高豐度同位素的兩倍）轟擊鉬。其中一位研究者是來自西西里的博士後研究員埃米利奧·塞格雷，他將輻射照過的靶板帶回了義大利，由巴勒莫，塞格雷和卡洛·佩里耶（Carlo Perrier）分析那些靶板，確定新的元素形成，即元素 43，後來他們命名為鎝。

十八年前，拉塞福經典的實驗顯示這個可能性後，現在，第一個完全透過蛻變得到的新元素終於出現。後來有發現鎝在地球上自然存在的蹤跡，但極其微量。

元素 85，也就是門得列夫預測的類碘，是第二個被

發現的空缺元素，透過人工合成得到。有鑑於其原子序為
85，這個元素可以從釙（84）或鉍（83）形成。釙是非常
不穩定且具放射性的元素，所以化學家將注意力轉向鉍。
而且因為鉍的原子序比元素 85 短少兩個，轟擊發射體顯然
必須是 α 粒子。一九四〇年，塞格雷、戴爾・科森（Dale
Corson）與肯・麥肯錫（Ken MacKenzie）進行了這項實
驗，而且得到元素 85 的同位素，半衰期是 8.3 小時。他
們將之命名為砈（astatine），取自希臘文 astatos，意思是
「不穩定」。第三個被人工合成的空缺元素是元素 61，同
樣在柏克萊利用迴旋加速器，這次的團隊成員是雅各・馬
林斯基（Jacob Marinsky）、勞倫斯・格蘭德寧（Lawrence
Glendenin）、查爾斯・科里爾（Charles Coryell）。反應過
程中，釹原子和氘原子相撞擊。

　　故事還沒說完。一九三九年，法國化學家瑪格麗特・
佩里（Marguerite Perey）找到第四個空缺的元素。一開始，
她在居禮夫人的實驗室擔任助理，發現元素時甚至還沒有
取得大學學位。她以祖國的名字，將新的元素命名為鍅
（francium）。這個元素不需人工合成，而是錒元素經過自

然放射性衰變的副產品。佩里最終升任為正教授，領導法國主要的核子化學機構。

超鈾元素

我們最後來看看元素 1 至 92 之後的合成元素。一九三四年，鎝合成三年後，在羅馬工作的恩里科·費米（Enrico Fermi）開始用中子轟擊標靶元素，希望合成超鈾元素。費米相信他成功產出了兩個這樣的元素，立刻命名為 ausonium（93）、hesperium（94），但其實不是。

同年，他獲得諾貝爾獎，並在他的得獎演說宣布以上發現，然而，當他準備將演說內容發表成文章時，卻又收回他的主張。一年後，奧托·哈恩（Otto Hahn）、弗里茨·斯特拉斯曼（Fritz Strassmann）、莉澤·邁特納（Lise Meitner）發現了核分裂，為費米的錯誤提出了解釋。原來，以中子撞擊時，鈾的原子核可以分裂形成兩個中型的原子核，而非一個更大的原子核。例如，鈾可以形成鋇和氪。

之前費米和同事觀察到的，是這樣的核分裂所得到的產

物，而非他們一開始所認為的形成更重的原子核。

真正的超鈾元素

　　真正的元素 93，終於在一九三九年由埃德溫・麥克米蘭（Edwin McMillan）與他在柏克萊的同事發現，重新命名為錼（neptunium），因為在元素週期表上，錼在鈾（uranium）後面，如同太陽系中海王星（Neptune）在天王星（Uranus）之後。團隊中的化學家菲利浦・艾貝爾森（Philip Abelson）發現，根據在元素週期表的位置，元素 93 應該要有類錸的表現，但事實並非如此。有鑑於此，而且在元素 94 鈽也發現類似的情況，於是格倫・西博格對元素週期表做出重大修正（見第一章）。因此，從錒（89）開始的元素不再被認為是過渡金屬，而是類似於鑭系元素的系列。因此，元素 93 和 94 就不必表現出類錸和類鐵的性質，因為在修訂後的元素週期表上，它們已經被移到不同位置。

　　元素 94 至 97，依序是鈽、鋂、鋦、鉳，陸續在一九四〇年代末合成，而第 98 號元素鉲在一九五〇年合成。但是

這一橫列看來好像即將結束，畢竟一般來說，原子核越重就越不穩定。問題變成需要累積足夠的標靶材料，才能指望用中子轟炸它們，蛻變為更重的元素。就在這個時候，轉機出現了。一九五二年，太平洋馬爾紹群島附近舉行一場代號為麥克（Mike）的熱核試爆。其中一個結果就是產生強烈的中子流，從而使得當時用其他方法都無法發生的反應得以發生。例如，十五個中子可以重擊鈾的同位素 U-238 來產生 U-253，U-253 隨後失去七個 β 粒子，從而形成元素 99，名為鑀。

$$^{238}_{92}U + 15\,^{1}_{0}n \rightarrow\ ^{253}_{92}U \rightarrow\ ^{253}_{99}Es + 7\,^{0}_{-1}\beta$$

元素 100 鐨也是以類似的方式得到，是同一次爆炸中高中子流的產物。科學家在分析太平洋群島附近的泥土時發現了它。

從 101 到 106

往更重的原子核推進需要採取相當不同的方式，因為 Z ＝ 100 之後的元素不會發生 β 衰變。許多創新的科技陸續

發展，包括使用直線加速器而非迴旋加速器，研究人員便能以明確的能量加速極強的離子束。此時發射體粒子也可以比中子或 α 粒子重。冷戰期間，只有美國與蘇聯這兩大超級強國擁有這樣的設備。

一九五五年，第 101 號元素鍆就是以這個方式在柏克萊產出：

$$^{4}_{2}He + ^{253}_{99}Es \rightarrow ^{256}_{101}Md + ^{1}_{0}n$$

原子核可能的組合越來越多。例如，元素 104 鑪經過以下反應後在柏克萊產出：

$$^{12}_{6}C + ^{249}_{98}Cf \rightarrow ^{257}_{104}Rf + 4^{1}_{0}n$$

在俄羅斯杜布納（Dubna）產出同一元素的另一種同位素，反應如下：

$$^{22}_{10}Ne + ^{242}_{94}Pu \rightarrow ^{259}_{104}Rf + 5^{1}_{0}n$$

共有六個元素（101 至 106）是用這個方法合成。由於冷戰期間美蘇關係緊張，每當有人宣稱合成這些元素，都會

引發熱烈爭議，而且持續多年。但是到了元素第 106 號，
又出現新的問題，需要其他新的方法。就在這個時候，GSI
（Gesellschaft für Schwerionenforschung，重離子研究中心）
在德國達姆施塔特（Darmstadt）成立，德國科學家進入這
場戰局。新的技術稱為冷核融合（cold fusion）。

冷核融合在超鈾領域是一種讓原子核以相較之前而言較
慢的速度互相撞擊的技術。這樣產生的能量更低，結合的原
子核散開的機率也就降低。這個技術最初是由蘇聯物理學家
尤里・奧加內相（Yuri Oganessian）設計出來，但在德國發
展得更完整。

元素 107 之後

一九八〇年代初期，元素 107（𨨏）、108（𨭆）、109
（䥑）都在德國利用冷核融合法成功合成。隨著柏林圍牆倒
塌、蘇聯解體，美國、德國、俄羅斯三國合作，嘗試了很多
新觀念和技術，卻遲遲無法再往下推進。直到一九九四年，
停滯了十年後，GSI 才再次宣布透過鉛和鎳離子碰撞，合成

了元素 110。

　　他們得到的同位素半衰期只有 170 微秒，命名為元素鐽。一個月後，德國人又發現了元素 111，命名為錀（roentgenium），以此紀念 X 光的發現人倫琴（Rontgen）。一九九六年二月，同序列的下一個元素 112 被合成出來，於二〇一〇年正式命名為鎶。

元素 113 至 118

　　自一九九七年起，陸續有人宣布合成元素 113 至 118。最近一個是元素 117，於二〇一〇年合成。有鑑於質子為奇數的原子核總是比質子為偶數的不穩定，這個情況便可以理解了。出現這種穩定性的差異是由於質子（像電子一樣）自旋一半並進入能量軌域，每次兩個，旋轉方向相反。所以，偶數個質子通常會產生總自旋為零的核，也就比不成對的質子自旋，例如元素 115 和元素 117，來得穩定。

　　元素 114 的合成可謂眾所期盼，因為曾有人預測它將代表「穩定島」的開始，也就是說，週期表上這區的元素的原

子核具有更強的穩定性。杜布納實驗室在一九九八年末宣布發現元素 114，但直到一九九九年以鈣 48 離子撞擊鈽，才明確得到這一個元素。柏克萊與達姆施塔特的實驗室最近確認這項發現。寫作本書的此時，已有報告指出大約八十個衰變與元素 114 相關，其中三十個來自原子核更重的元素，例如 116 和 118。元素 114 最長壽的同位素原子量為 289，半衰期為 2.6 秒，這個元素具有更強的穩定性，與預測相符。

一九九八年十二月三十日，杜布納與利佛摩（Livermore）兩個實驗室共同發表一篇論文，宣布在以下反應觀察到元素 118：

$$^{86}_{36}Kr + ^{208}_{82}Pb \rightarrow ^{293}_{118}Og + ^{1}_{0}n$$

然而在日本、法國、德國數次複製這個結果都失敗後，這項公告於二〇〇一年七月正式收回。隨後爭議不斷，包括解雇研究團隊中最初發表公告的資深研究員。

兩年後，杜布納實驗室發布新公告，二〇〇六年，位於加州的勞倫斯利佛摩實驗室也進一步聲明。美國與俄羅斯的科學家共同發表更有力的聲明，稱他們已經從下列反應又探

測到元素 118 的四種衰變：

$$^{48}_{20}Ca + ^{249}_{98}Cf \rightarrow ^{249}_{118}Og + 3^{1}_{0}n$$

研究人員信心滿滿，認為這些結果非常可靠，因為探測到的結果是隨機事件的可能性估計不到十萬分之一。由於產出的原子極少，以及不到 1 毫秒的極短生命，這個元素從來沒有進行過化學實驗。

二〇一〇年，更不穩定的元素 117 鿬被合成，杜布納實驗室一個很大的研究團隊，以及數個在美國的實驗室，也描述這個元素的性質。元素週期表已經到達一個有趣的點，自然存在和用特定實驗人工創造的所有一百一十八種元素都集齊了。這包括鈾之後二十六個引人注目的元素，而我們通常認為鈾是最後一種自然存在的元素。最後四個元素 —— 鉨（113）、鏌（115）、鿬（117）、氭（118）的發現，使得第七週期終於完備。寫作本書的此時，研究人員還在計畫創造更重的元素如 119 和 120，所以元素序列的終點尚未到來。

合成元素的化學性質

超重元素的存在引發一個有趣的新問題，也對元素週期表構成了一個新挑戰。它也為理論預測和實驗發現之間的較量帶來一個新的、有趣的會合點。理論計算認為，隨著原子核的電荷增加，相對論效應變得越來越重要。例如原子序79的金，其特徵顏色就是訴諸相對論解釋。原子核電荷越大，內層電子的運動越快。由於獲得了相對論速度，這些內部電子會被吸引到更靠近原子核的位置，因此對決定元素化學性質的最外層電子產生更大的遮蔽。人們已經預測，某些原子的化學表現應該與按照它們在週期表上的位置所推斷出來的不一樣。

因此，相對論效應為元素週期表的普遍性帶來最新挑戰。許多年來，各科的學者已經發表了這樣的理論預測，但直到檢驗元素104鑪（Rf）與105𨧀（Db）的化學性質時，這個情況才達到高點。研究發現，鑪與𨧀的化學表現事實上和按這些元素在週期表上的位置所做出的直覺推斷相當不同。鑪與𨧀的表現似乎不如預期中地那樣，類似鉿與鉭。

　　例如，一九九○年，柏克萊的 K・R・澤文斯基（K. R.
Czerwinski）報告說，元素 104 鑪的溶液，其化學性質和位
在它上面的鋯與鉿不同。同時，他還指出鑪的化學性質和
在元素週期表上距離遙遠的鈽相似。至於𨧀，早期研究顯
示，它的表現也和上一個元素鉭不像（圖 35），反而非常
像鋼系元素鏷。在其他實驗中，鑪與𨧀的表現似乎更像鉿
（Hf）和鉭（Ta）之上的兩個元素，也就是鋯（Zr）和鈮
（Nb）。

　　直到檢驗元素 106 𨭎（Sg）和元素 107 𨨏（Bh）的
化學性質，預期的週期行為才又回來。宣布這些發現的
文章標題說明了一切：〈出奇普通的𨭎〉（Oddly Ordinary
Seaborgium）、〈無聊的𨨏〉（Boring Bohrium），兩篇文

3	4	5	6	7	8	9	10	11	12
Sc	Ti	V	Cr	Mn	Fe	Co	Ni	Cu	Zn
Y	Zr	Nb	Mo	Tc	Ru	Rh	Pd	Ag	Cd
Lu	Hf	Ta	W	Re	Os	Ir	Pt	Au	Hg
Lr	Rf	Db	Sg	Bh	Hs	Mt	Ds	Rg	Cn

圖 35　第 3 至 12 族元素週期表摘錄。

章都提到一個事實：週期表一如往常。即使相對論效應對這兩個元素的影響應該更明顯，但預期的化學表現還是壓倒了這一趨勢。

從以下我提出的論點，可以看出鉨在第 7 族是個表現良好的伙伴。這種方法也代表一種「完整的循環」，因為它涉及到一組三元素組。讀者也許還記得第三章中談到的，發現三元素組，等於首次暗示同一族元素的性質具有數字規律。圖 36 是錳、錸、鉨與氧、氯形成的相似化合物的昇華焓（固體直接轉化為氣體需要的能量）的測量數據。

利用三元素組方法預測 BhO_3Cl 的值是 83 kJ/mol，與實驗值 89 kJ/mol 相比，誤差僅 6.7％。這個事實進一步支持鉨是名副其實的第 7 族元素的觀點（圖 35）。相對論效應對週期定律的挑戰在元素 112 鎶（Cn）的例子中更加明顯。

TcO_3Cl = 49 kJ/mol

ReO_3Cl = 66 kJ/mol

BhO_3Cl = 89 kJ/mol

圖 36　第 7 族元素的昇華焓顯示元素 107 真的是這一族的成員。

再次的，相對論計算指出，這個元素的化學表現應該像是惰性氣體，而不像週期表裡位於它之上的汞。對元素 112 進行的昇華焓實驗顯示，這個元素的確屬於第 12 族，和鋅、鎘、汞一起，與之前的預測不同。

　　元素 114 鈇的故事也類似。早期的計算和實驗指出這個元素表現類似惰性氣體，但較近的實驗支持這個元素比較像金屬鉛，這與其在第 14 族的位置相符合。結論似乎是，化學週期性是相當穩固的現象。就連高速移動的電子造成強大的相對論效應，也不能推翻這項大約一百五十年前簡單的科學發現，或者，至少目前為止做過的實驗還不能為這個問題下定論。

第十章
元素週期表的形式

前面幾章都在談元素週期表，但還有一個重要面向沒有提到。為什麼有這麼多元素週期表出版，而且為什麼現在的教科書、文章、網路，提供這麼多種元素週期表？有沒有「最理想的」元素週期表？追求最理想的元素週期表有意義嗎？如果有，我們在找出一份最佳週期表的過程中取得那些進展？

愛德華・馬蘇爾斯（Edward Mazurs）關於週期表歷史的經典著作中，收錄自一八六〇年代首張元素週期表繪出以來，大約七百張的元素週期表。馬蘇爾斯的書本出版已過了四十五年左右；之後，期間至少又有三百張週期表問世，如果再加上網路上發表的就更多了。為什麼會有這麼多元素週期表，這件事情需要好好解釋。當然，這些元素週期表中，許多並沒有新的資訊，有些從科學的觀點來看甚至前後矛盾。但即使刪除這些具有誤導性的表，留下的數量還是非常可觀。

我們在第一章看過元素週期表的三個基本形式：短元素週期表、中長元素週期表、長元素週期表。這三類基本上都傳達差不多的訊息，但相同原子價的元素，在這些表中有不

同的分族。此外，有些週期表不像我們一般認識的表格那樣四四方方。這種變體包括圓形和橢圓的週期系統，比起長方形的元素週期表，更能強調元素的連續性。不像在長方形的表上，在圓形或橢圓形的系統中，週期的結尾不會中斷，例如氖和鈉、氬和鉀。但是，不像時鐘上的週期，元素週期表的週期長度不同，因此圓形元素週期表的設計者需要想辦法容納過渡元素的週期。例如本菲（Benfey）的元素週期表（圖37），過渡金屬排列的地方從主要的圓形突出來。也有三維的元素週期表，例如來自加拿大蒙特婁的費爾南多・杜福爾（Fernando Dufour）所設計的（圖38）。

但我認為，這些變體都只是改變週期系統的描繪形式，它們之間並無根本上的差異。稱得上重要變體的，是將一個或多個元素放在和傳統元素週期表中不同的族。討論這點之前，我先談談元素週期表一般的設計。

元素週期表的概念好像很簡單，至少表面上是，因此吸引業餘的科學家大展身手，發展新的版本，也常宣稱新的版本某些地方比過去發表的更好。當然，過去有過幾次，化學或物理學的業餘愛好者或外行人做出重大貢獻。例如第六章

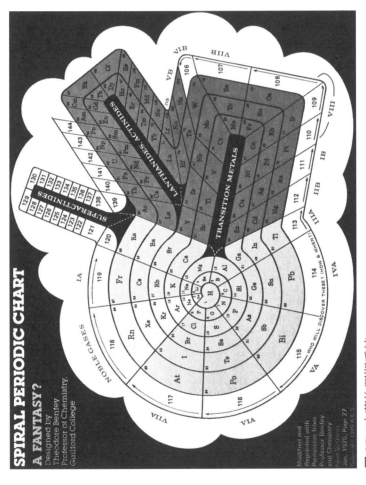

圖 37 本菲的週期系統。

圖 **38**　杜福爾的週期樹。（承蒙 Paul Dufour 與 Fernando Dufour 同意複製。）

提過的安東・范登・布魯克，他是經濟學家，也是首先想到原子序的人，他在《自然》等期刊發展這個想法。另一個人是法國工程師夏爾・雅內（Charles Janet），他在一九二九年發表「左階式元素週期表」（Left-step periodic table），後來持續受到週期表的專家和業餘愛好者的關注（圖 39）。

那麼，追求最理想的元素週期表真的有意義嗎？我認為，這個問題的答案取決於個人對週期系統的哲學態度。一方面，如果一個人相信，元素性質近似重複的現象是自然世界的客觀事實，那麼他採取的態度是實在論。對這樣的人而言，追求最理想的元素週期表非常合理。最能代表化學週期性事實的就是最理想的元素週期表，即便這樣的表還沒制訂出來。

另一方面，工具論者或反實在論者看待元素週期表，可能會認為元素的週期性是人類強加給自然的性質。若是如此，就不必熱切尋找最理想的元素週期表，畢竟這種東西根本不存在。對約定俗成論者或反實在論者來說，元素究竟如何呈現並不重要，因為他們相信我們處理的，不是元素之間的自然關係，而是人造關係。

																														H	He
																														Li	Be
																								B	C	N	O	F	Ne	Na	Mg
																								Al	Si	P	S	Cl	Ar	K	Ca
														Sc	Ti	V	Cr	Mn	Fe	Co	Ni	Cu	Zn	Ga	Ge	As	Se	Br	Kr	Rb	Sr
														Y	Zr	Nb	Mo	Tc	Ru	Rh	Pd	Ag	Cd	In	Sn	Sb	Te	I	Xe	Cs	Ba
La	Ce	Pr	Nd	Pm	Sm	Eu	Gd	Tb	Dy	Ho	Er	Tm	Yb	Lu	Hf	Ta	W	Re	Os	Ir	Pt	Au	Hg	Tl	Pb	Bi	Po	At	Rn	Fr	Ra
Ac	Th	Pa	U	Np	Pu	Am	Cm	Bk	Cf	Es	Fm	Md	No	Lr	Rf	Db	Sg	Bh	Hs	Mt	Ds	Rg	Cn	Nh	Fl	Mc	Lv	Ts	Og	119	120

圖 39 夏爾・雅內的左階式元素週期表。

　　順便說說我的立場。在元素週期表上，我是個實在論者。例如，許多化學家對於元素週期表採反實在論的觀點，令我非常驚訝；問他們氫元素屬於第 1 族（鹼元素）還是第 17 族（鹵素），有些化學家的反應是那不重要。

　　在我們檢視其他週期表與可能的最理想週期表前，先談幾個問題。首先是各種元素週期表的實用性。許多科學家傾向支持某種形式的元素週期表，因為對他們的科學研究比較有用，例如太空人、地質學家、物理學家等。這些元素週期表主要基於實用性。另有些元素週期表想要強調元素的「事實」，想要更好的解釋，而非方便某一領域的科學家使用。不用說，最理想的元素週期表應該避免實用性的問題，尤其是否對於某個科學的特定學科或分支學科有用。此外，追求元素事實的週期表，如果能以某種方式成功捕捉到元素之間的真實本質和關係，就有望造福多個學科。但是我們應該把這種實用性視為額外好處，而不應該以此決定最理想週期表的形式。

　　還有一個重要問題是對稱性，這也是棘手的問題。許多提出其他元素週期表的人主張他們的表比較優秀，因為元素

的呈現比較對稱、規律，或者可說比較優雅、美麗。科學的對稱和美麗這個問題常被討論，但就和所有美學問題一樣，某人看來美麗的事物，另一個人看來不一定如此。此外，必須小心不要將自然實際上沒有的美麗或規律強加給它。有太多其他週期表的支持者強調他們的表所呈現的規律性，卻忘了他們談的只是形式，而不是化學本身。

一些特殊案例

鋪陳了這麼多，我們終於可以深入探討某些新的元素週期表。我們先從左階式元素週期表開始，許多元素被放在不同於傳統元素週期表的位置。左階式元素週期表於一九二九年由夏爾·雅內提出，當時量子力學剛開始發展不久，但是雅內的週期表和量子力學似乎無關，而完全基於美學。儘管如此，研究者很快就看出左階式元素週期表有些重要特徵，比起傳統元素週期表，更符合量子力學的原子敘述。

左階式元素週期表把惰性氣體頂端的氦（18 族）移到鹼土金屬頂端（2 族）。此外，左邊兩個族整個被移到表的

最右邊，變成一張新的表。此外，鑭系和錒系等二十八個元素在週期表中通常以類似注腳的方式呈現，現在則被移到新表的左邊。經過這樣的移動，這些元素整個併入元素週期表，在過渡金屬區塊的左邊。

這張新表的優點是整體形狀比較規則，也比較統一。此外，我們現在有兩個有兩種元素的非常短的週期，而常規週期表上只有一個。相比常規週期表有一個反常且不會重複的週期長度，左階式元素週期表所有的週期長度會重複一次，形成 2、2、8、8、18、18 等的數列。這些雅內所欣賞的優點，都和量子力學無關。我們在第八章看到，量子力學引進元素週期表後，人們開始從電子組態理解週期表。按這種方法，週期表中元素之間的差別，是根據區分電子佔據的軌域。

傳統的元素週期表上，最左邊兩族的元素組成 s 區，因為它們的區分電子進入 s 軌域。往右移動，我們會遇到 d 區，接著 p 區，最後是 f 區，最後一區埋伏在表的主體的下方。這個從左到右的區塊順序不是最「自然」或預期的，因為軌域能量增加的順序是：

s ＜ p ＜ d ＜ f

左階式元素週期表維持這個序列，儘管順序相反。然而，這到底是不是優點仍待討論，畢竟任何環狀的表都會顯示這個特徵。

但是從量子力學的觀點來看，這份表還有另一個優點。氦原子的電子組態是兩個電子都在 1s 軌域，這點沒有爭議。因此，氦應該是 s 區的元素。但在傳統的週期表中，氦因為化學性質非常不活潑而被放在惰性氣體之間（氖、氬、氪、氙、氡）。

這個情況似乎和稍早提到的碲碘對調的歷史案例相似，當時必須忽略碲和碘的原子量，才能保持化學相似性。同樣地，在氦的情況下似乎有兩種可能性：

1. 電子結構不是元素歸屬哪一族的最終裁判，而且未來可能會被某個新的標準取代（例如，排序元素時，原子量被原子序取代，因此解決元素兩兩顛倒的問題）。

2. 我們並沒有其他類似的案例，而且電子組態仍然掌握

大局，因此應該忽略氦明顯的化學惰性。

請注意，選項一其實支持傳統元素週期表，而選項二支持左階式元素週期表。顯然，從量子力學觀點來看，我們很難確定左階式元素週期表是否體現出優勢。現在，我再提出另一個想法。回想第四章，我們談到元素的本質，而且門得列夫尤其喜歡用比較抽象的意義思考元素，而不是把元素當成簡單孤立的物質。元素的抽象意義可以用來支持把氦搬到鹼土族。因為氦的化學惰性而不讓它待在較活潑的鹼土族的做法，也可用上述理由反駁，即將注意力放在元素作為抽象實體的本質上，而非強調其化學性質。但是，此舉相當於在說，如果可以忽略氦的化學性質，「何不」將氦放在鹼土族？

我以二〇一七年一個有趣的實驗結束此節。阿爾喬姆·奧加諾夫（Artem Oganov）帶領的團隊，在極高壓的條件下，產出真正的氦鈉化合物——氦化鈉（Na_2He）。這種氦鈉化合物的存在顯示，惰性氣體中最不活潑的是氖而不是氦，重新開啟左階式元素週期表是否代表最理想週期表的辯論。

														H	He	Li	Be
										B	C	N	O	F	Ne	Na	Mg
										Al	Si	P	S	Cl	Ar	K	Ca
Sc	Ti	V	Cr	Mn	Fe	Co	Ni	Cu	Zn	Ga	Ge	As	Se	Br	Kr	Rb	Sr
Y	Zr	Nb	Mo	Tc	Ru	Rh	Pd	Ag	Cd	In	Sn	Sb	Te	I	Xe	Cs	Ba
Lu	Hf	Ta	W	Re	Os	Ir	Pt	Au	Hg	Tl	Pb	Bi	Po	At	Rn	Fr	Ra
Lr	Rf	Db	Sg	Bh	Hs	Mt	Ds	Rg	Cn	Nh	Fl	Mc	Lv	Ts	Og	119	120

La	Ce	Pr	Nd	Pm	Sm	Eu	Gd	Tb	Dy	Ho	Er	Tm	Yb
Ac	Th	Pa	U	Np	Pu	Am	Cm	Bk	Cf	Es	Fm	Md	No

圖 40 以使原子序三元素組數量最多為基礎的週期表。

原子序三元素組應用於第 3 族

關於週期表第 3 族，化學家和化學教育工作者之間爭論已久。有些舊的元素週期表的第 3 族是以下元素：

鈧	Sc
釔	Y
鑭	La
錒	Ac

近期，許多教科書的元素週期表，列出的第 3 族是：

鈧	Sc
釔	Y
鑥	Lu
鐒	Lr

他們的論點是基於預設的電子組態。一九八六年，辛辛那提大學的威廉・詹森（William Jensen）發表一篇文章，主張教科書的作者和元素週期表的設計者應該將第 3 族定為「鈧、釔、鑥、鐒」。

近期又有一些學者主張回到「鈧、釔、鑭、錒」。但如果我們考慮原子序三元素組，答案再次非常明確，也就是詹森的分族佔上風。

下列第一個三元素組是正確的：

Y	39
Lu	71 = (39 + 103)/2
Lr	103

第二個三元素組是錯誤的：

Y	39
Lu	57 ≠ (39 + 89)/2 = 64
Ac	89

詹森的分族之所以更好，還有一個原因，而且這個原因不需要依據原子序三元素組。

如果我們考慮長元素週期表，而且試著把鑥、錒或鑭、錒放進第 3 族，那麼只有前一種排列有意義，因為會得到連

續增加的原子序。相反的，將鑭與錒放進長元素週期表的第
3 族，增加的原子序數列會不連續（見圖 41 標底線處）。

最後，其實有第三個可能性，但這會讓 d 區元素變得尷
尬，如圖 42 所示。雖然某些書收錄像圖 42 那樣排列的元素
週期表，但這並不是一個很歡迎的設計，理由也很明顯。用
這種方式排列元素週期表，需將 d 區元素（3 至 12 族）分
成兩個非常不平均且分開的區塊，一邊只有一個元素寬（第
3 族），另一邊有九個元素寬（第 4 至 12 族）。有鑑於這
種拆分在其他區都不會出現，因此在三份表中，它最不可能
反映元素自然的實際排列。

傳統元素週期表中，其實有一個區──s 區，第一行通
常被分成兩個部分，即在傳統的十八或三十二列表中，氫
（H）和氦（He）是分開的。儘管如此，這樣的分法是以更
合理的對稱形式呈現，而且如我們所見，雅內的左階式元素
週期表完全避免了這種情況。

H 1																															He 2
Li 3	Be 4																									B 5	C 6	N 7	O 8	F 9	Ne 10
Na 11	Mg 12																									Al 13	Si 14	P 15	S 16	Cl 17	Ar 18
K 19	Ca 20															Sc 21	Ti 22	V 23	Cr 24	Mn 25	Fe 26	Co 27	Ni 28	Cu 29	Zn 30	Ga 31	Ge 32	As 33	Se 34	Br 35	Kr 36
Rb 37	Sr 38															Y 39	Zr 40	Nb 41	Mo 42	Tc 43	Ru 44	Rh 45	Pd 46	Ag 47	Cd 48	In 49	Sn 50	Sb 51	Te 52	I 53	Xe 54
Cs 55	Ba 56	La 57	Ce 58	Pr 59	Nd 60	Pm 61	Sm 62	Eu 63	Gd 64	Tb 65	Dy 66	Ho 67	Er 68	Tm 69	Yb 70	*Lu* 71	Hf 72	Ta 73	W 74	Re 75	Os 76	Ir 77	Pt 78	Au 79	Hg 80	Tl 81	Pb 82	Bi 83	Po 84	At 85	Rn 86
Fr 87	Ra 88	Ac 89	Th 90	Pa 91	U 92	Np 93	Pu 94	Am 95	Cm 96	Bk 97	Cf 98	Es 99	Fm 100	Md 101	No 102	*Lr* 103	Rf 104	Db 105	Sg 106	Bh 107	Hs 108	Mt 109	Ds 110	Rg 111	Cn 112	Nh 113	Fl 114	Mc 115	Lv 116	Ts 117	Og 118

H 1																															He 2
Li 3	Be 4																									B 5	C 6	N 7	O 8	F 9	Ne 10
Na 11	Mg 12																									Al 13	Si 14	P 15	S 16	Cl 17	Ar 18
K 19	Ca 20															Sc 21	Ti 22	V 23	Cr 24	Mn 25	Fe 26	Co 27	Ni 28	Cu 29	Zn 30	Ga 31	Ge 32	As 33	Se 34	Br 35	Kr 36
Rb 37	Sr 38															Y 39	Zr 40	Nb 41	Mo 42	Tc 43	Ru 44	Rh 45	Pd 46	Ag 47	Cd 48	In 49	Sn 50	Sb 51	Te 52	I 53	Xe 54
Cs 55	Ba 56	Ce 58	Pr 59	Nd 60	Pm 61	Sm 62	Eu 63	Gd 64	Tb 65	Dy 66	Ho 67	Er 68	Tm 69	Yb 70	Lu 71	*La* 57	Hf 72	Ta 73	W 74	Re 75	Os 76	Ir 77	Pt 78	Au 79	Hg 80	Tl 81	Pb 82	Bi 83	Po 84	At 85	Rn 86
Fr 87	Ra 88	Th 90	Pa 91	U 92	Np 93	Pu 94	Am 95	Cm 96	Bk 97	Cf 98	Es 99	Fm 100	Md 101	No 102	Lr 103	*Ac* 89	Rf 104	Db 105	Sg 106	Bh 107	Hs 108	Mt 109	Ds 110	Rg 111	Cn 112	Nh 113	Fl 114	Mc 115	Lv 116	Ts 117	Og 118

圖 41　長元素週期表，呈現第 3 族兩種排列方式。只有上方的版本能確保原子序是連續的。

1	2	3	4	5	6	7	8	9	10	11	12	13	14	15	16	17	18	19	20	21	22	23	24	25	26	27	28	29	30	31	32
H																															He
Li	Be																									B	C	N	O	F	Ne
Na	Mg																									Al	Si	P	S	Cl	Ar
K	Ca	Sc															Ti	V	Cr	Mn	Fe	Co	Ni	Cu	Zn	Ga	Ge	As	Se	Br	Kr
Rb	Sr	Y															Zr	Nb	Mo	Tc	Ru	Rh	Pd	Ag	Cd	In	Sn	Sb	Te	I	Xe
Cs	Ba	La	Ce	Pr	Nd	Pm	Sm	Eu	Gd	Tb	Dy	Ho	Er	Tm	Yb	Lu	Hf	Ta	W	Re	Os	Ir	Pt	Au	Hg	Tl	Pb	Bi	Po	At	Rn
Fr	Ra	Ac	Th	Pa	U	Np	Pu	Am	Cm	Bk	Cf	Es	Fm	Md	No	Lr	Rf	Db	Sg	Bh	Hs	Mt	Ds	Rg	Cn	Nh	Fl	Mc	Lv	Ts	Og

圖 42 第三種呈現長元素週期表的方式，d 區被分成兩個不均勻的區塊，各一個族（編按：第 3 族，即本圖第 3 行）與九個族（編按：第 4 至 12 族，即本圖第 18~26行）。

再探氫與原子序三元素組

　　另一個總是引出問題的元素，就是第一個元素氫。從化學的角度看，氫似乎屬於第 1 族（鹼金屬），因為氫能形成 +1 離子的 H^+。另一方面，氫非常特別，因為它也能形成 -1 離子的 H^-，比如在氫化鈉、氫化鈣等金屬氫化物中，因此也可以把氫放在都形成 -1 離子的第 17 族（鹵素）。該如何明確解決這個問題呢？一些學者採用簡單的方法，讓氫「漂浮」在元素週期表主體的上方；換句話說，不固守在任何一個可能的位置。

　　對我來說，這就是一種「化學菁英主義」的展現，因為這似乎意味著，雖然所有元素都遵守週期定律，然而氫是特例，所以在定律之上，很像過去的英國皇室。從本書第一版出版直到最近，我都主張可以考慮建構新的原子序三元素組來解決氫的放置問題。如果使用這種方法，就會出現非常明確的結果，支持將氫放在鹵素，而非鹼金屬中。在傳統的元素週期表，氫被放在鹼金屬，所以沒有完美的三元素組，然而如果氫能住在鹵素的最上面，就會出現新的原子序三元素組（圖 40）：

H   1   H   1
Li   3 $(1 + 11)/2 \neq 3$ F   9 $(1 + 17)/2 = 9$
Na 11   Cl 17

　　無論這個建議看起來有多麼吸引人，我現在認為這可能是一項錯誤的策略。這麼說的理由是，各族元素的第一個成員永遠不是三元素組的成員，而且沒有理由相信像鹵素這樣的族可以成為例外。

　　檢視正確的三元素組出現在週期表中的條件，是一件蠻有趣的事。傳統元素週期表會把 s 區放在最左邊，如此會看見異常。單就 s 區來說，如果第一與第二個元素所處的週期等長，原子序三元素組才會出現，就像鋰（3）、鈉（11）、鉀（19）。然而，在 p 區、d 區，原則上甚至還有 f 區，只有在第二與第三個元素所在的週期等長時，三元素組才會出現，例如氯（17）、溴（35）、碘（53）。

　　但是，如果將元素用左階式元素週期表的形式呈現，那麼所有三元素組都由第二和第三個元素所處週期等長的三個元素組成，無一例外（圖43）。我相信，這或許是支持左

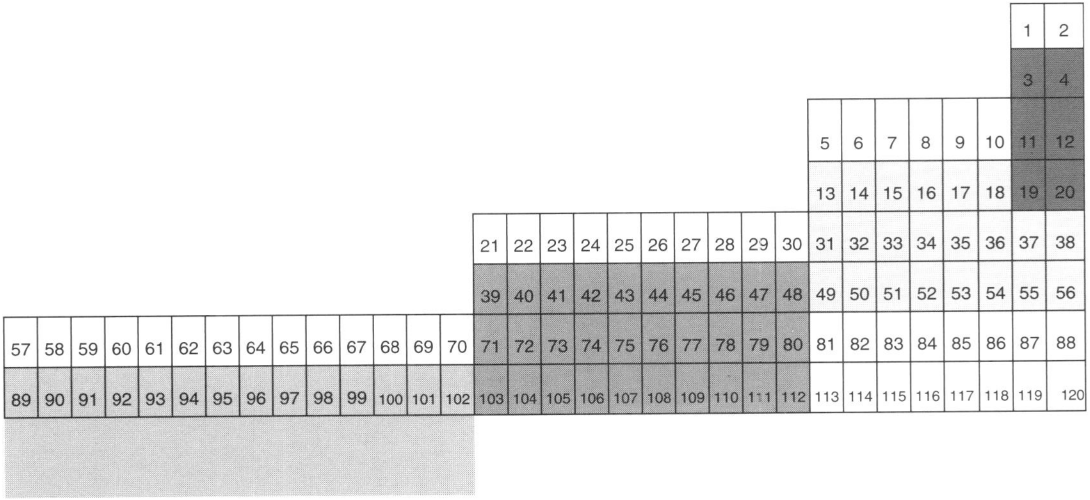

圖 43　在左階式元素週期表中以灰階顯示的原子序三元素組。所有三元素組的第二與第三個元素所在的週期都等長。

階式元素週期表較其他形式更為優秀的論據之一。我也相信，這個週期表可能就是人們尋覓已久的最理想元素週期表。

是否有 IUPAC 的官方元素週期表？

主導化學元素命名的國際純化學和應用化學聯合會（IUPAC），對於元素週期表的最佳形式保持相當模糊的立場。即使 IUPAC 的官方政策是不推薦任何特定形式，但是他們的文獻經常使用圖 44 的元素週期表，包含兩排十五個元素寬的鑭系元素與錒系元素。這種形式的缺點是，它讓表上的 3 族只有兩個元素，而其他族不會出現這種情況。將這種週期表用如圖 45 所示的三十二列表呈現時，異常會更加突出。我認為 IUPAC 是時候承認這種形式的問題，而且對於目前現有的週期表中，哪一個最一致做出正式裁決，如我一直建議的那樣，收錄圖 41 的上方版本。

希望讀完本書後，讀者能發現，即使在元素週期表被提出一百五十年後，它仍是一個非常有趣且持續發展的題目。

族 #

1	2	3	4	5	6	7	8	9	10	11	12	13	14	15	16	17	18
H																	He
Li	Be											B	C	N	O	F	Ne
Na	Mg											Al	Si	P	S	Cl	Ar
K	Ca	Sc	Ti	V	Cr	Mn	Fe	Co	Ni	Cu	Zn	Ga	Ge	As	Se	Br	Kr
Rb	Sr	Y	Zr	Nb	Mo	Tc	Ru	Rh	Pd	Ag	Cd	In	Sn	Sb	Te	I	Xe
Cs	Ba		Hf	Ta	W	Re	Os	Ir	Pt	Au	Hg	Tl	Pb	Bi	Po	At	Rn
Fr	Ra		Rf	Db	Sg	Bh	Hs	Mt	Ds	Rg	Cn	Nh	Fl	Mc	Lv	Ts	Og

La	Ce	Pr	Nd	Pm	Sm	Eu	Gd	Tb	Dy	Ho	Er	Tm	Yb	Lu
Ac	Th	Pa	U	Np	Pu	Am	Cm	Bk	Cf	Es	Fm	Md	No	Lr

圖 44　IUPAC 的元素週期表，有十五個元素寬的鑭系與錒系元素區。第 3 族只有兩個元素。

圖 45 三十二列的版本，其中鑭系與錒系為十五個元素寬度。

致謝

感謝牛津大學出版社所有編輯與員工予以協助，包括 Jeremy Lewis 提出《牛津通識課》的想法。也謝謝同事、學生、圖書館員，協助撰寫本書。

謹將本書獻給我的妻子 Elisa Seidner。

延伸閱讀

推薦書目

M. Fontani, M. Costa, and M.V. Orna, *The Lost Elements*, Oxford University Press, 2015.

M. Gordin, *A Well-Ordered Thing*, Princeton University Press, 2018.

M. Kaji, H. Kragh, and G. Pallo, *Early Responses to the Periodic Table*, Oxford University Press, 2015.

S. Kean, *The Disappearing Spoon: And Other True Tales of Madness, Love, and the History of the World from the Periodic Table of the Elements*, Little, Brown and Company, 2010.

E. Mazurs, *Graphical Representations of the Periodic System during 100 Years*, University of Alabama Press, 1974.

F. A. Paneth, The epistemological status of the chemical concept of element, *British Journal for the Philosophy of Science*, 13, 1–14, 144–60, 1962.

E. R. Scerri, *The Periodic Table, Its Story and Its Significance*, Oxford University Press, 2007.

E. R. Scerri, The trouble with the Aufbau principle, *Education in Chemistry*, 24–6, November, 2013.

E. R. Scerri, *A Tale of Seven Elements*, Oxford University Press, 2013.

E. R. Scerri, The changing views of a philosopher of chemistry on the question of reduction, in E. Scerri and G. Fisher, *Essays in The Philosophy of Chemistry*, Oxford University Press, 2016, pp. 125–43.

E. R. Scerri, Can quantum ideas explain chemistry's greatest icon? *Nature*, 565, 557–9, 2019.

E. R. Scerri and W. Parsons, What elements belong in group 3? In E. R. Scerri and G. Restrepo, eds, *Mendeleev to Oganesson*, Oxford University Press, 2018, pp. 140–51.

W. H. E. Schwarz et al., *Chemistry—A European Journal*, 12, 4101, 2006 <https://doi.org/10.1002/chem.200500945> (see Figure 8 and accompanying text).

P. Thyssen and A. Ceulemans, *Shattered Symmetry*, Oxford University Press, 2017.

J. W. van Spronsen, *The Periodic System of Chemical Elements: A History of the First Hundred Years*, Elsevier, 1969.

推薦網站

・Mark Leach 的網站：metasynthesis，提供元素週期表很棒的概要：
<http://www.meta-synthesis.com/webbook/35_ pt/pt_database.php>.

・Mark Winters 的網站 Webelements：<https://www.webelements.com/>.

・ 艾瑞克・希瑞的網站，介紹元素週期表與化學的歷史與哲學 <http://
ericscerri.com/>.

國家圖書館出版品預行編目(CIP)資料

元素週期表：複雜宇宙的簡潔圖表 / 艾瑞克．希瑞 (Eric R.
Scerri) 著；胡訢諄譯 .-- 初版 .-- 臺北市：日出出版：大雁文化
事業股份有限公司發行 , 2023.05
208 面 ; 14.8*20.9　公分
譯自：The periodic table : a very short introduction, 2nd ed.
ISBN 978-626-7261-38-5(平裝)
CST: 元素　2.CST: 元素週期表
348.21　　　　　　　　　　　　　　　112005314

元素週期表：複雜宇宙的簡潔圖表
The Periodic Table : A Very Short Introduction, Second Edition

作　　者　艾瑞克‧希瑞 Eric R. Scerri
譯　　者　胡訢諄
責任編輯　李明瑾
封面設計　萬勝安
內頁排版　陳佩君
發 行 人　蘇拾平
總 編 輯　蘇拾平
副總編輯　王辰元
資深主編　夏于翔
主　　編　李明瑾
業　　務　王綬晨、邱紹溢
行　　銷　曾曉玲、廖倚萱
出　　版　日出出版
　　　　　地址：台北市復興北路 333 號 11 樓之 4
　　　　　電話（02）27182001　傳真：（02）27181258
發　　行　大雁文化事業股份有限公司
　　　　　地址：台北市復興北路 333 號 11 樓之 4
　　　　　電話（02）27182001　傳真：（02）27181258
　　　　　讀者服務信箱 E-mail:andbooks@andbooks.com.tw
　　　　　劃撥帳號：19983379 戶名：大雁文化事業股份有限公司
初版一刷　2023 年 5 月
定　　價　380 元
版權所有‧翻印必究
ISBN 978-626-7261-38-5

Printed in Taiwan‧All Rights Reserved
本書如遇缺頁、購買時即破損等瑕疵，請寄回本社更換